大众营养菜

苏 易 编著

团结出版社

图书在版编目（CIP）数据

大众营养菜 / 苏易编著 . -- 北京 : 团结出版社 ,
2014.10（2021.1 重印）
ISBN 978-7-5126-2299-9

Ⅰ . ①大… Ⅱ . ①苏… Ⅲ . ①保健—菜谱 Ⅳ .
① TS972.161

中国版本图书馆 CIP 数据核字 (2013) 第 302591 号

出　　版：团结出版社
（北京市东城区东皇城根南街 84 号　邮编：100006）
电　　话：（010）65228880　65244790（出版社）
（010）65238766　85113874 65133603（发行部）
（010）65133603（邮购）
网　　址：http://www.tjpress.com
E-mail：65244790@163.com（出版社）
fx65133603@163.com（发行部邮购）
经　　销：全国新华书店
排　　版：腾飞文化
图片提供：邴吉和　黄　勇
印　　刷：三河市天润建兴印务有限公司

开　　本：700 × 1000 毫米　1 /16
印　　张：11
印　　数：5000
字　　数：90 千字
版　　次：2014 年 10 月第 1 版
印　　次：2021 年 1 月第 4 次印刷

书　　号：978-7-5126-2299-9
定　　价：45.00 元

前言

烹饪的旅途，充满了快乐和愉悦，它让人永远留有好奇和纯真。怀揣一颗真挚热忱的心，在通往美食的路上，做个矢志快活、积极单纯的奔跑者。

随着社会的繁荣昌盛，人们生活水平的不断提高，各种各样的食品和食物大量涌现，一日三餐越来越丰富，人们渐渐改变陈旧落后的饮食习惯，希望吃得健康、吃得科学、吃得有营养。饮食制作和饮食菜谱也不断发展，这对广大家庭饮食制作人员提出了更高的要求。学习家庭饮食烹饪技术，是现代生活的需要。

吃出健康，吃出美味，已是当下社会饮食的文化。为了使广大读者在闲暇之余，在饮食的品种和口味方面能常变常新，既讲究菜肴的营养、享受美食，又能增加食欲、调养身体、益寿延年，我们参考了众多烹饪方面的书籍，精心编写了这本《大众营养菜》。

前言

本书为您提供众多健康美味的大众营养菜谱，专业营养师教您如何合理补充各种营养元素。本书菜品制作简便、味道鲜美、营养丰富、经济实惠，可为广大读者在合理安排日常饮食方面提供帮助，以解决都市人工作繁忙，无时间学习烹饪之苦。

愿本书的出版，带给您口福无限、健康无限、快乐无限。

爽口时蔬类

目录

Contents

目录

营养豆制品类

Contents

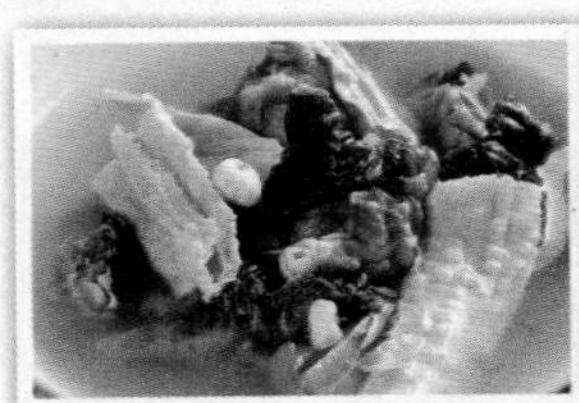

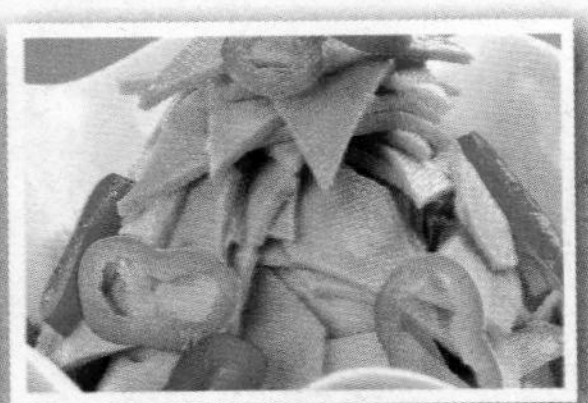

美味禽蛋类

目录 Contents

浓香肉类

目录

Contents

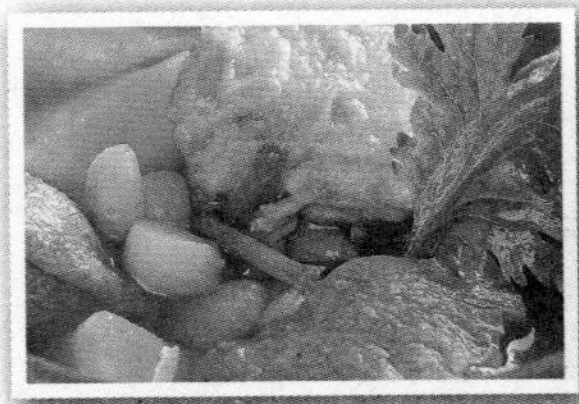

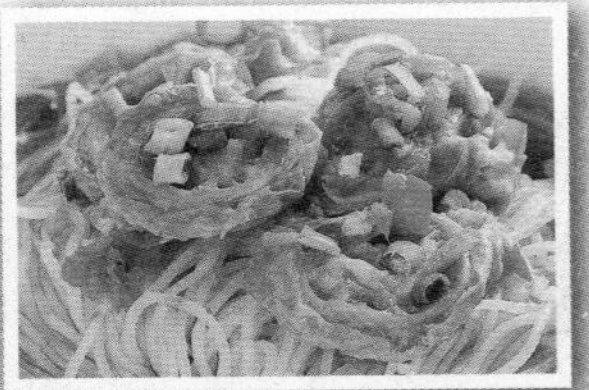

鲜 香水产类

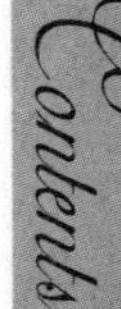

美 颜果品类

Contents

★★★★★

爽口时蔬类

★★★★★

菠菜

挑选与储存

选购菠菜时，要选择叶子厚、叶面宽、叶柄短的波菜，如叶部有变色现象，要予以剔除。

性味

性凉，味甘、辛，无毒。

营养成分

营养素	含量 /100 克	营养素	含量 /100 克
维生素 C	32.00 毫克	蛋白质	2.40 克
脂肪	0.30 克	钙	103.00 毫克
磷	38.00 毫克	铁	1.90 毫克
维生素 B_1	0.02 毫克	热量	30.00 千卡

食疗功效

1. 菠菜含有大量的植物粗纤维，具有促进肠道蠕动的作用，利于排便，且能促进胰腺分泌，帮助消化。

2. 菠菜提取物具有促进细胞增殖的作用，既能抗衰老又能增强活力。

3. 菠菜中所含的胡萝卜素在人体内转变成维生素 A，能保护视力，保持上皮细胞的健康，增强预防传染病的能力，促进儿童成长发育。

适宜人群

一般人群均可食用。

菠菜烹熟后软滑易消化，特别适合老、幼、病、弱者食用，电脑工作者、爱美的人也应常食菠菜。糖尿病人（尤其Ⅱ型糖尿病人）经常吃菠菜有利于保持血糖稳定；同时菠菜还适宜高血压患者、便秘者、坏血病患者、皮肤粗糙者和过敏者食用。

烹饪技巧

菠菜中含一种草酸物质，这种物质不仅吃起来发涩，而且可与食物中的钙质化合生成不溶性草酸钙。在食用时需将菠菜焯一下水，捞出放入冷水中浸泡 10 分钟，草酸钙就会沉于水中。

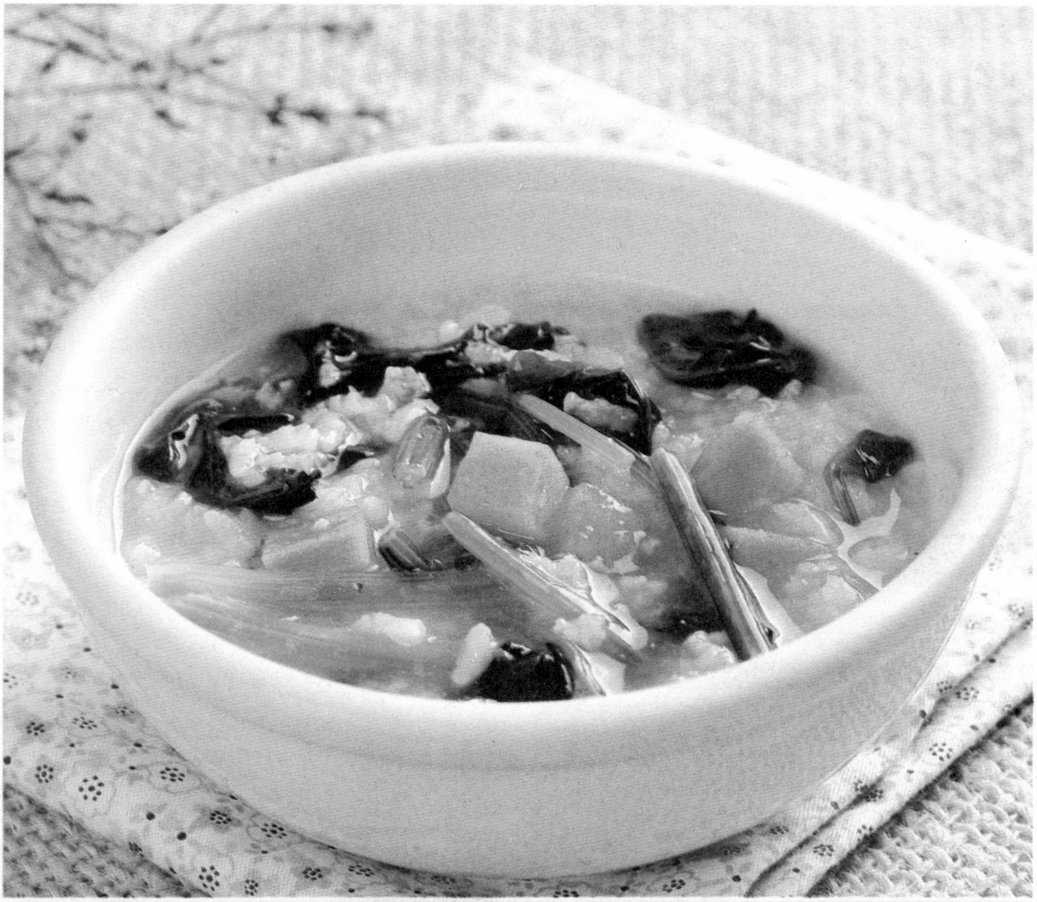

胡萝卜菠菜粥

TIME 10分钟

菜品特点

清新爽滑 营养丰富

主料： 胡萝卜400克，米、菠菜各150克

配料： 鸡精、香油、精盐各适量

视觉享受：★★

味觉享受：★★★

操作难度：★

操作步骤

①胡萝卜切丁备用；菠菜洗干净切段备用。

②在锅中添水，水沸后下米。

③米煮沸后加入胡萝卜丁，加热5分钟，放入少许香油。

④再次煮沸后放入菠菜段，煮2分钟后加入鸡精和精盐搅拌出锅。

操作要领

煮粥时要用文火。

视觉享受：★★ 味觉享受：★★★★ 操作难度：★★

肉末烩菠菜

TIME 20分钟

菜品特点：色泽碧绿 味道鲜美

主料： 瘦肉30克，鲜菠菜250克，木耳50克，粉丝40克

配料： 油15克，精盐6克，白糖1克，蒜10克，湿淀粉、红油各适量

操作步骤

①将瘦肉剁成末；菠菜洗净切段；蒜切末；木耳提前泡发备用；粉丝提前泡发备用。

②锅内烧水，待水开后放入菠菜段，烫至八成熟，捞起沥干水备用。

③炒锅中倒油，放入蒜末爆香，倒入肉末，用小火炒，加入菠菜、木耳、粉丝，用中火炒熟，加入精盐、白糖调味，用湿淀粉勾芡，淋入红油即成。

操作要领

菠菜在烫水时，要用大火烧开水；炒时以中火为佳，在锅内的时间宜短。

视觉享受：★★★ 味觉享受：★★★ 操作难度：★

菠菜煎饼

TIME 15分钟

菜品特点：香嫩可口 简单好做

主料： 菠菜、面粉各500克，鸡蛋3个，牛奶1000克

配料： 植物油200克，砂糖50克，豆蔻粉、精盐、枸杞各适量

操作步骤

①将枸杞泡发备用；鸡蛋磕入碗中，搅拌均匀备用；将菠菜洗净放入沸水内烫熟，捞出控干水分，切末，加入砂糖、鸡蛋液拌匀；把精盐、面粉、豆蔻粉、牛奶放到器皿内搅拌均匀，倒入菠菜末、枸杞做成菠菜糊备用。

②把煎锅烧热，倒入植物油，油热后放入菠菜糊，摊成薄饼，煎至两面金黄色即成。

操作要领

当菠菜糊凝固且表面变色时，翻面煎。

芹菜

挑选与储存

选购芹菜应挑选梗短而粗壮、菜叶翠绿而稀少者。色泽鲜绿、叶柄厚、茎部稍呈圆形、内侧稍向内凹，这种芹菜是最好的，可以放心购买。

性味

性凉，味甘、辛，无毒。

营养成分

营养素	含量 /100 克	营养素	含量 /100 克
蛋白质	1.80 克	脂肪	1.10 克
纤维素	1.40 克	锌	1.46 毫克
碳水化合物	1.90 毫克	铁	1.08 毫克
核黄素	1.08 毫克	镁	1.00 毫克
维生素 E	1.21 毫克	钙	1.00 毫克

食疗功效

1. 从芹菜籽中分离出的一种碱性成分，对人体能起安定作用。
2. 芹菜含铁量较高，能补充妇女经血的损失，经常食之能避免皮肤苍白干燥、面色无华，而且可使目光有神、头发黑亮。
3. 芹菜是高纤维食物，它经肠胃的消化作用会产生一种叫木质素或肠内脂的物质，这类物质是一种抗氧化剂，浓度高时可抑制肠胃细菌产生的致癌物质。

适宜人群

一般人群均可食用。

平时可以多吃芹菜，以清热解毒，预防节后高血压。

芹菜性凉质滑，故脾胃虚寒者、肠滑不固者、血压偏低者、婚育期男士应少吃芹菜。

烹饪技巧

虽然芹菜的吃法多种多样，但还是清炒最为合适。如果是西芹最好先过一遍沸水，假如用香芹做菜，叶子不要随便丢弃，吃过葱、蒜之后嚼一点香芹叶可以消除口中的异味。

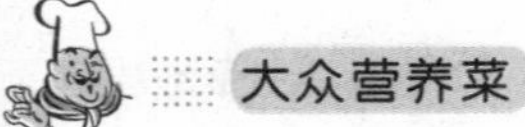

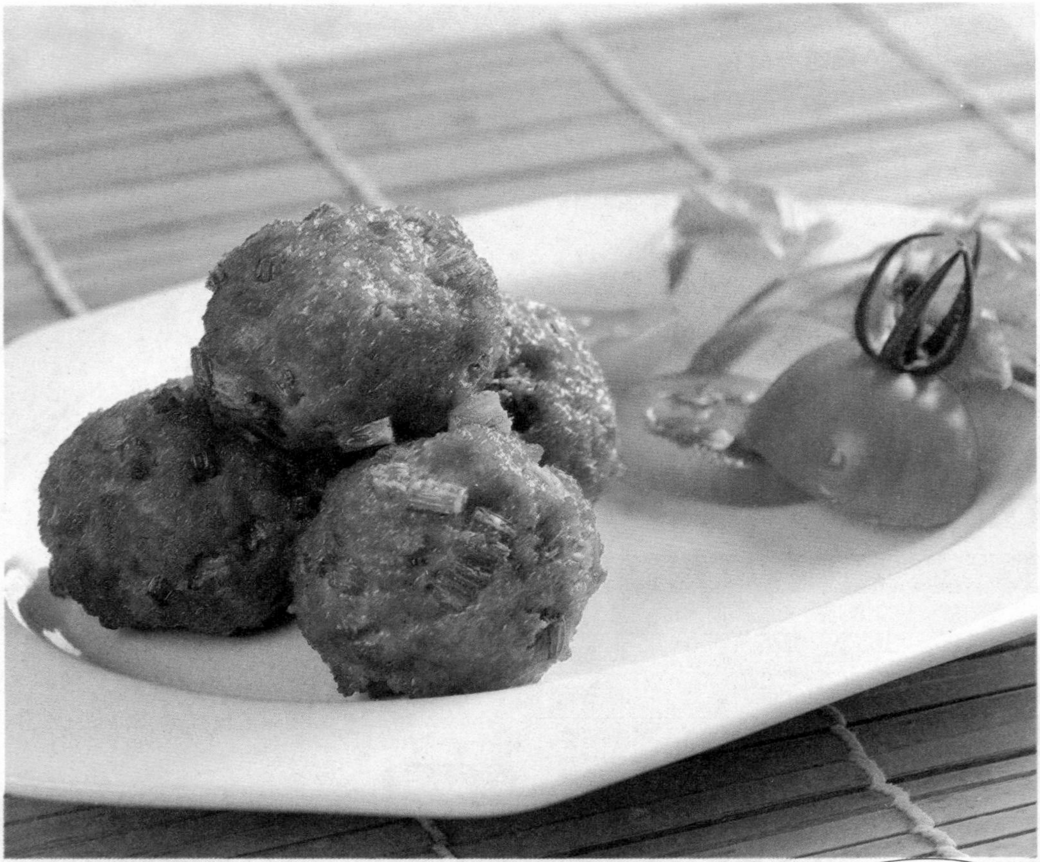

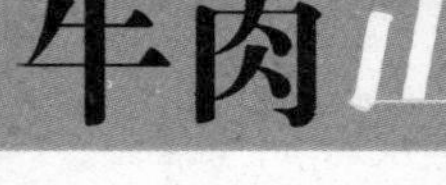

牛肉山芹丸

TIME 40分钟

视觉享受：★★★
味觉享受：★★★
操作难度：★★

菜品特点
口感清香
富有嚼劲

主料： 牛肉300克，芹菜50克

配料： 植物油20克，鸡蛋2个，苏打粉、精盐、葱、姜、胡椒粉各适量

操作步骤

①芹菜洗净后切小段，焯水备用；葱、姜切末备用。

②牛肉剁成末，加少量清水和苏打粉搅拌，直到牛肉吸收了水分，然后加植物油、精盐、胡椒粉搅拌均匀，随后拌入葱、姜、芹菜段备用；打鸡蛋，取蛋清备用。

③把拌好的牛肉挤成丸子，再裹上蛋清，放到蒸笼上蒸熟即成。

操作要领

用刀背拍剁牛肉可以让牛肉末变得更细滑。

视觉享受：★★ 味觉享受：★★★ 操作难度：★

牛肉丝拌芹菜

TIME 15分钟

菜品特点：翠绿香嫩 富有营养

主料： 熟牛肉200克，芹菜100克

配料： 红辣椒10克，精盐、香油、醋、生抽各适量

操作步骤

①将芹菜清洗干净，切成段备用；熟牛肉切丝备用；红辣椒切成细长条备用。

②芹菜段放入开水中焯一下，捞出，沥干水分，放入盘中，撒上精盐、生抽、香油、醋调味，然后加入红辣椒、牛肉丝拌匀即成。

操作要领

醋不可早放，否则菜会变黄。

主料： 芹菜250克，板栗200克，娃娃菜、胡萝卜各50克

配料： 植物油10克，精盐3克，鲜汤、姜丝各适量

操作步骤

①将芹菜清理干净后切成段，放到沸水中焯至断生，捞出控干；胡萝卜洗净后切成块，在沸水中焯一下；娃娃菜撕成片，洗净；板栗去壳，洗净切两半。

②炒锅加植物油烧至七分热，放入姜丝、芹菜、胡萝卜、娃娃菜煸炒片刻，再放入板栗、精盐及适量鲜汤煮沸，改小火焖出香味即成。

操作要领

板栗较容易熟，因此炒菜的时候最后放板栗。

视觉享受：★★ 味觉享受：★★★ 操作难度：★★

香芹板栗

TIME 25分钟

菜品特点：酥脆香甜 回味无穷

白菜

挑选与储存

挑选与储存包心的大白菜时，以顶部包心紧、分量重、底部突出、根部切口大的为好。

性味

性平，味甘，无毒。

营养成分

营养素	含量 /100 克	营养素	含量 /100 克
热量	17.00 千卡	蛋白质	1.50 克
碳水化合物	3.20 克	膳食纤维	0.80 克
脂肪	0.10 克	维生素 A	20.00 毫克
尼克酸	0.60 毫克	核黄素	0.05 毫克
胡萝卜素	10.00 微克	维生素 E	0.06 毫克
磷	31.00 毫克	铜	0.05 毫克

食疗功效

1. 白菜中维生素 C 的含量比较高，对防治坏血病和增强身体的抗病能力非常有效。

2. 白菜中微量元素锌的含量不但在蔬菜中是非常高的，而且与肉和蛋类相比也是很高的。经常补充锌，能够促进幼儿的成长发育，提高性功能，因此人们称锌为“幼儿的生长素”“夫妻的和谐素”。此外，锌能促进外伤愈合，还可以抗癌、抗心血管病、抗糖尿病及抗衰老。

适宜人群

一般人群均可食用。

特别适合肺热咳嗽、便秘、肾病患者食用，同时女性也应该多吃。

大白菜性偏寒凉，胃寒腹痛、大便溏泻及寒痢者不可多食。

烹饪技巧

炒白菜前可以先用开水焯一下，因为白菜中含有氧化酶，这些酶在 60~90℃范围内会使维生素 C 受到严重破坏。

维生素是怕热、怕煮的物质，沸水下锅，一方面缩短了蔬菜的加热时间，另一方面也使氧化酶失去作用，使维生素 C 得以保存。

白菜不宜用煮、烫后挤汁等方法烹调，因为会造成营养素大量损失。

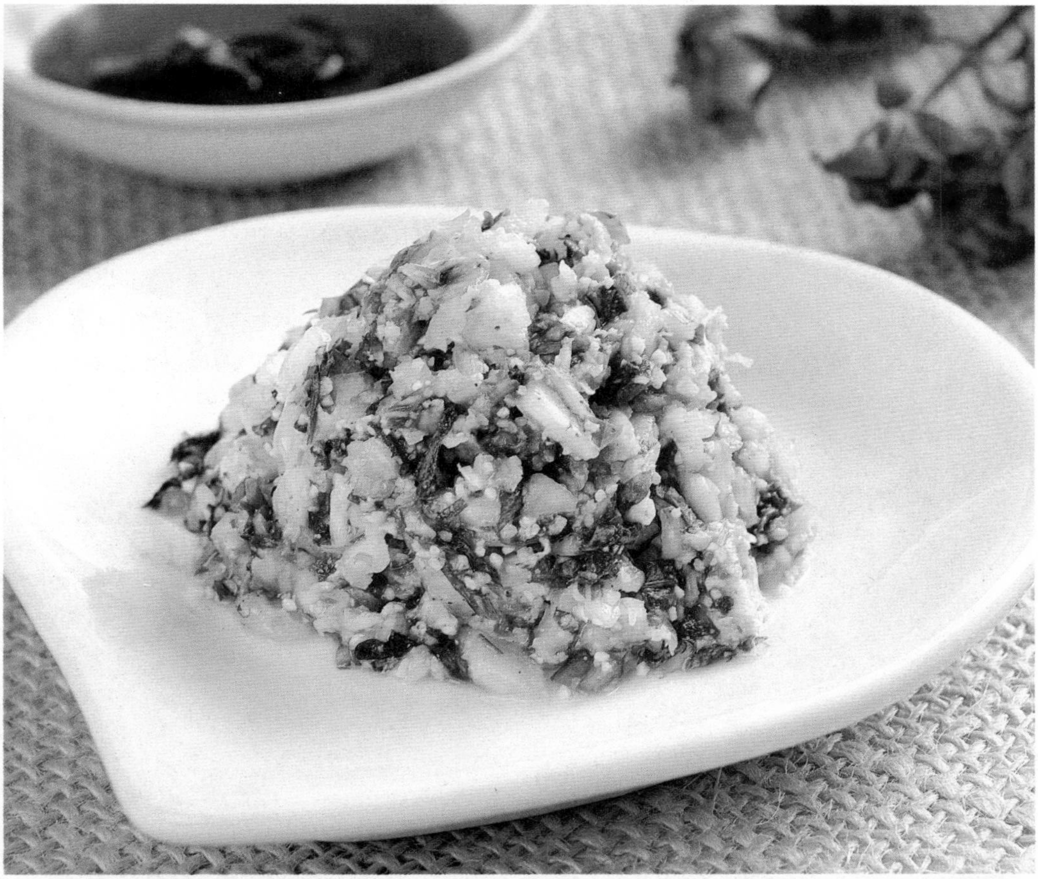

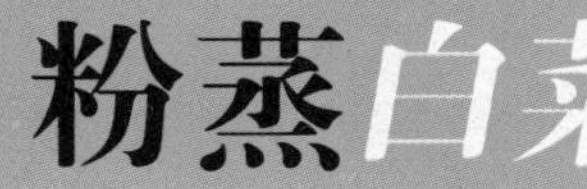

粉蒸白菜

TIME 20分钟

菜品特点

清香鲜美
柔嫩可口

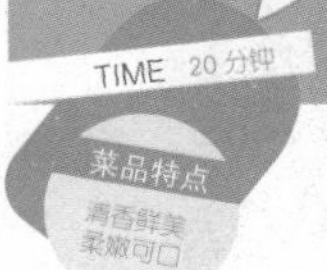

主料： 白菜200克，米粉80克

配料： 生抽10克，香油5克，精盐3克，味精1克

视觉享受：★★
味觉享受：★★★★
操作难度：★★

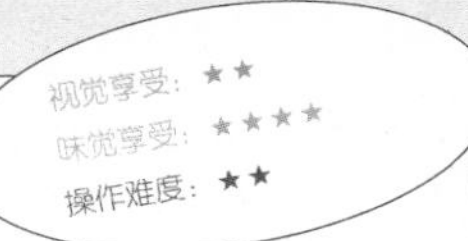

操作步骤

①白菜洗净剁成馅；米粉切碎备用。

②米粉、精盐与白菜馅拌匀装碗，放到蒸笼上蒸熟。

③把生抽、香油、精盐、味精放在碗中做成调味汁。

④拿出蒸熟的米粉馅，把调味汁浇在碗内即成。

操作要领

做米粉馅的时候，加精盐要均匀。

干椒炒烫白菜

主料： 白菜 500 克

配料： 植物油 50 克，精盐、鸡精、香油、红辣椒末各适量

操作步骤

①白菜处理干净后放到大盆中，放少许精盐，加沸水浸泡，浸泡 4 小时后捞出，沥干水分，切碎。

②净锅置旺火上，放植物油，烧热后下入红辣椒末爆香，随后放入白菜翻炒，放精盐、鸡精调味，淋香油，出锅装盘即成。

操作要领

白菜泡水捞出后要注意把水控干。

主料： 白菜 100 克，番茄 300 克

配料： 醋、糖、香油各适量，精盐少许

操作步骤

①白菜洗净，入沸水中略焯一下，沥干水分，切 5 厘米宽长条备用；番茄切成条状备用。

②糖、醋、香油、精盐放入容器中，将白菜摊开，放入番茄卷成卷，浸入放有糖、醋的容器中腌渍。

③将白菜卷取出，用微波炉加热即成。

操作要领

醋不宜放得过多，否则可能酸味太重。

酸甜白菜卷

黄瓜

挑选与储存

挑选与储存黄瓜时，应该看黄瓜表皮是否嫩绿、水灵，黄瓜的花是否鲜艳，若能达到这几项标准，就为质量好的黄瓜。

性味

性凉，味甘。

营养成分

营养素	含量 /100 克	营养素	含量 /100 克
维生素 E	0.49 毫克	热量	15.00 千卡
蛋白质	0.65 克	脂肪	0.11 克
碳水化合物	3.63 克	膳食纤维	0.50 克
糖	1.67 克	钙	16.00 毫克

食疗功效

1. 黄瓜中含有的葫芦素 C 具有提高人体免疫力的作用，能达到抗肿瘤的目的。
2. 黄瓜中含有丰富的维生素 E，可起到延年益寿、抗衰老的作用；黄瓜中的黄瓜酶有很强的生物活性。
3. 黄瓜中所含的丙醇二酸，可抑制糖类物质转变为脂肪。

适宜人群

适宜热病患者、肥胖者、高血压患者、高血脂患者、水肿患者、癌症患者、嗜酒者食用，并且是糖尿病人首选的食品之一。

烹饪技巧

不要把黄瓜头全部丢掉，黄瓜头中的苦味素对于消化道炎症具有独特的功效。它可刺激消化液的分泌，产生大量的消化酶，使人胃口大开。苦味素不仅有健胃、增加肠胃动力、帮助消化、清肝利胆和安神的功能，还可以预防流感。

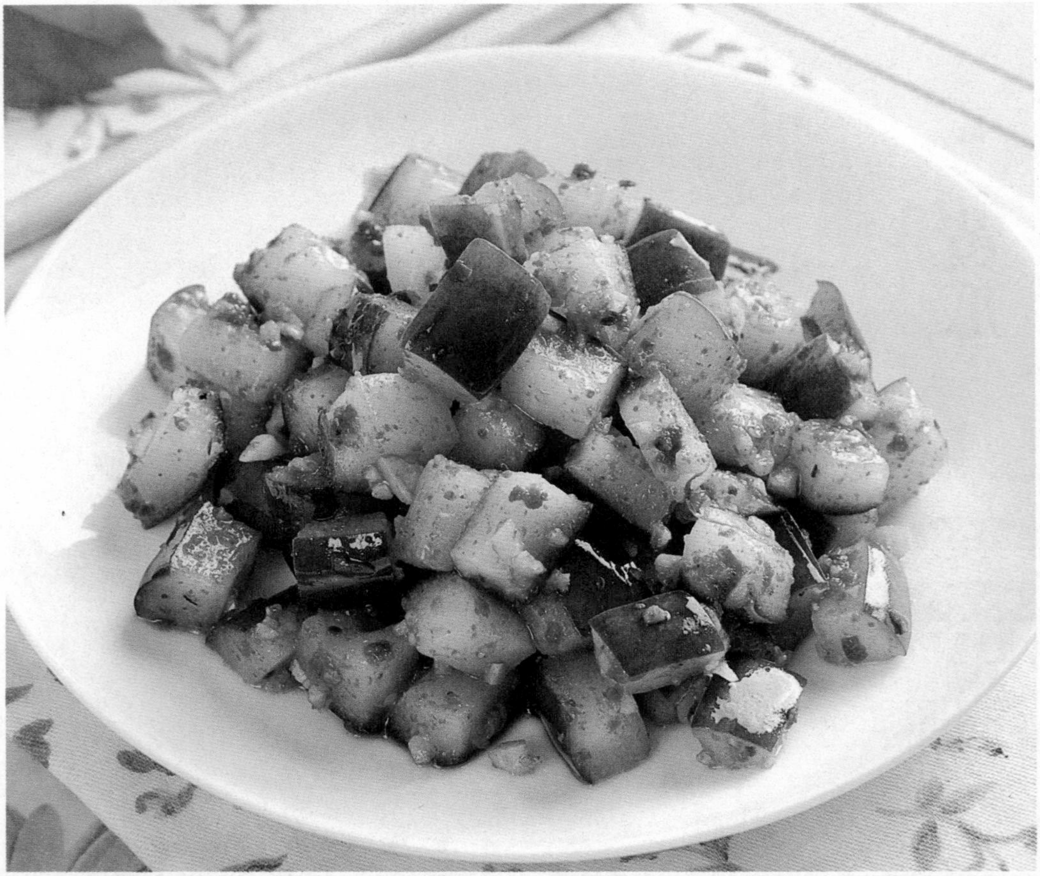

脆炒黄瓜丁

TIME 45 分钟

菜品特点

清香脆嫩

主料： 黄瓜 300 克

配料： 蒜 20 克，精盐 2 克，味精 3 克，植物油、辣椒酱、醋各 10 克

视觉享受：★★

味觉享受：★★★★

操作难度：★

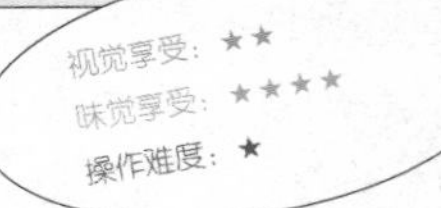

操作步骤

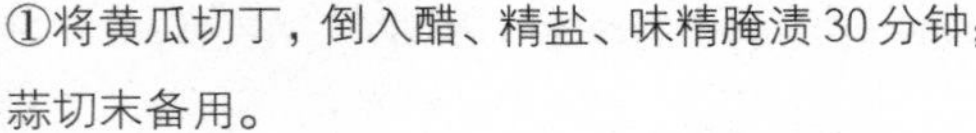

①将黄瓜切丁，倒入醋、精盐、味精腌渍 30 分钟；蒜切末备用。

②净锅置旺火上，锅内倒植物油烧至六成热，放蒜末爆香后，倒入黄瓜丁，加入辣椒酱调味，然后煸炒即成。

操作要领

黄瓜的腌渍很重要，时间不能太短。

视觉享受：★★ 味觉享受：★★★★ 操作难度：★

多味黄瓜

TIME 40分钟

菜品特点：香脆可口 鲜咸适宜

主料： 黄瓜300克，炸虾20克

配料： 干辣椒、糖各10克，土豆20克，精盐5克，醋、酱油、香油、姜、蒜、植物油各适量

操作步骤

①将黄瓜洗净，切块，放入碗中加适量精盐腌渍约10分钟备用；将干辣椒去籽，切成圈备用；把姜、蒜切末备用；土豆洗净，削皮，切成细丝放入热水中焯熟备用。

②炒锅中倒入植物油烧热，倒入蒜末、姜末和干辣椒圈爆香，再加入酱油、糖、醋、适量的水熬成汁，加入香油搅匀，倒入碗中待用。

③将腌好的黄瓜块和土豆丝放入调味碗中，拌匀后腌渍20分钟，装盘加入炸虾即成。

操作要领

黄瓜切条后腌渍更容易入味。

主料： 黄瓜500克

配料： 植物油50克，姜汁、辣椒酱、醋各15克，红辣椒、白糖、生抽各10克，葱花、蒜汁各5克，精盐3克，淀粉适量

操作步骤

①将黄瓜洗净削皮，切成菱形片状备用；红辣椒切小块备用。

②炒锅中倒入植物油，加热后倒入黄瓜，用蒜汁、姜汁、辣椒酱、白糖、精盐、生抽、醋、红辣椒块调味，快出锅时放入葱花，用淀粉勾芡，盛入盘内即成。

操作要领

烹炒的时候注意调料要均匀。

视觉享受：★★ 味觉享受：★★★★ 操作难度：★

鱼香黄瓜片

TIME 15分钟

菜品特点：酸辣适中 美味适口

茄子

挑选与储存

判断茄子的老嫩有一个可靠的方法就是看茄子“眼睛”的大小。茄子的“眼睛”，即茄子的萼片与果实连接处白色略带淡绿色的带状环，带状环越大，茄子越嫩，越好吃。

性味

性凉，味甘。

营养成分

营养素	含量 /100 克	营养素	含量 /100 克
蛋白质	1.10 克	脂肪	0.20 克
碳水化合物	3.60 毫克	膳食纤维	1.30 克
硒	48.50 毫克	钙	24.00 毫克
铁	0.50 毫克	镁	13.00 毫克

食疗功效

1. 茄子含有龙葵碱，能抑制消化系统肿瘤的增殖，对于防治胃癌有一定的功效。此外，茄子还有清退癌热的作用。

2. 茄子含有维生素 E，有防止出血和抗衰老的功效，常吃茄子可使血液中胆固醇的水平保持稳定，对延缓人体衰老具有积极的作用。

3. 茄子富含蛋白质、脂肪、碳水化合物、维生素以及多种矿物质，特别是维生素 P 的含量极其丰富，可以增强毛细血管壁，防止瘀伤。

适宜人群

一般人群均可食用。

可清热解暑，对于易长痱子、生疮疖的人，尤为适宜。

脾胃虚寒、哮喘者不宜多吃。秋后的茄子味道偏苦，性凉，体弱、便溏者不宜多食。而手术前吃茄子，可能导致麻醉剂无法被正常地分解，会拖延病人的苏醒时间，影响病人康复的速度。

烹饪技巧

茄子的吃法很多，但多数吃法烹调的温度较高、时间较长，不仅油腻，而且营养损失很大。煎炸茄子会使维生素损失 50% 以上。在茄子的所有吃法中，拌茄泥是最健康的。

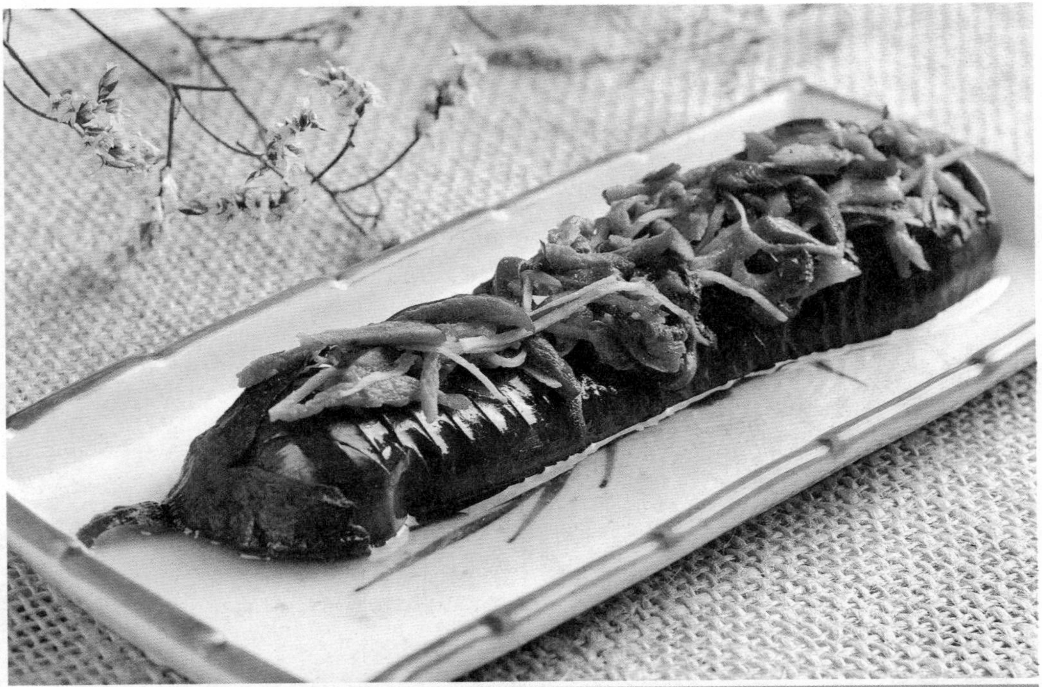

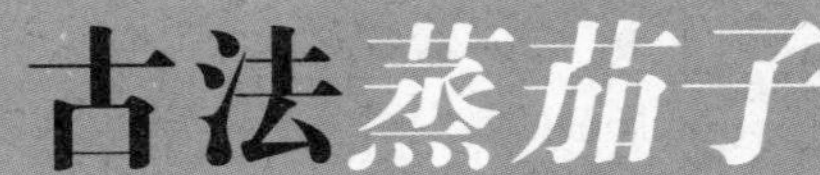

古法蒸茄子

TIME 50分钟

菜品特点

入口柔和 味道出众

主料： 长茄子350克，瘦肉150克

配料： 红枣、干香菇50克，姜20克，蒜末、蚝油、植物油、白糖、鸡精、精盐、酱油各适量

视觉享受：★★★
味觉享受：★★★★
操作难度：★★★

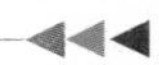

操作步骤

①瘦肉洗净切成细丝备用；红枣洗净后去核，切成细丝备用；干香菇泡发，切成细丝备用；姜去皮切成细丝备用；长茄子洗净，在两面用刀划开若干口子备用。

②将瘦肉丝、红枣丝、香菇丝、姜丝置入碗内，加入蒜末、植物油、蚝油、白糖、鸡精、精盐、酱油和半杯清水拌匀，做成古方酱料。

③取一深盘，放入茄子，把古方酱料均匀地浇在茄子表面。

④烧开锅中的水，放入茄子用大火蒸35分钟即可出锅。

操作要领

茄子很难蒸熟，因此可以在最开始处理的时候放到沸水中烫一下，一来可以去除茄子的涩味，二来可缩短蒸茄子的时间。

视觉享受：★★★ 味觉享受：★★★★ 操作难度：★★★

肉末茄条汤

TIME 30分钟

菜品特点：绵柔多汁 利于消化

主料： 茄子300克，肉末15克

配料： 葱末10克，香油10克，植物油50克，蒜5克，精盐、白砂糖各3克，醋3克，高汤500克

操作步骤

①茄子洗净去蒂切成长条备用；蒜切末备用。

②锅中倒入适量的植物油烧热，放入茄子小火煸软后盛出备用。

③锅中倒入少量植物油加热，放入蒜末爆香，倒入肉末煸炒，炒熟后起锅。

④煮锅内倒入高汤加热，倒入茄条、肉末，用精盐、白砂糖、醋调味，出锅后撒上葱末，淋上香油即成。

操作要领

茄子最好切成上下粗细一致的长条，煸出来的颜色效果更好。

主料： 长茄子500克，牛肉200克

配料： 香菜末10克，酱油80克，精盐8克，生粉20克，植物油600克，糖、味精各5克，湿淀粉3克

操作步骤

①整只的茄子洗净，去蒂切成段，斜刀45°在茄子的切口处挖出“V”形的凹陷。

②牛肉处理干净，用刀剁成泥，加入香菜末、精盐、味精腌渍15分钟制成馅。

③将牛肉馅抹到茄子的凹陷处，拍上生粉。

④锅内放入植物油，烧至五成热时将茄子放入（有馅的部分朝上），保持油温炸8分钟，取出后控油，放入盘中（有馅的一面朝上）。

⑤锅中放入少量的水，加精盐、味精、糖、酱油，用湿淀粉勾芡做成芡汁，浇在茄子上即成。

操作要领

腌渍的时候要注意，牛肉馅不要加入酱油等上色的调料。

视觉享受：★★★ 味觉享受：★★★★ 操作难度：★★★

烧酿茄子

TIME 30分钟

菜品特点：温和柔润 美味适口

莴笋

挑选与储存

莴笋泡水保鲜法：将买来的莴笋放入盛有凉水的器皿内，一次可放几棵，水淹至莴笋主干 1/3 处。这样就算在室内放置 3~5 天，叶子仍会呈绿色，莴笋主干仍会很新鲜，削皮后炒菜仍鲜嫩可口。

性味

性凉，味甘、苦。

营养成分

营养素	含量 /100 克	营养素	含量 /100 克
蛋白质	1.30 克	脂肪	0.10 克
碳水化合物	2.10 克	胡萝卜素	1.42 微克
钙	40.00 毫克	磷	31.00 毫克
核黄素	0.08 毫克	铁	1.20 毫克
硫胺素	0.06 毫克	尼克酸	0.40 毫克

食疗功效

1. 莴笋味道清新且略带苦味，可刺激消化酶分泌，增加食欲。其乳状浆液可增加胃液、消化腺和胆汁的分泌，从而促进各消化器官的功能，对消化功能减弱、消化道中酸性降低和便秘的人尤其有利。

2. 莴笋含有多种维生素和矿物质，具有调节神经系统功能的作用，其所含的有机化合物中富含人体可吸收的铁元素，对缺铁性贫血病人十分有利。

适宜人群

一般人群均可食用。老人、儿童更适合。

莴笋中的某种物质对视神经有刺激作用，古书记载多食莴笋使人目糊，停食数天，则能自行恢复，故视力弱者不宜多食，有眼疾特别是夜盲症的人更应少食。

烹饪技巧

莴笋怕咸，要少放盐才好吃。

焯莴笋时一定要注意时间和温度，焯的时间过长、温度过高会使莴笋绵软，失去清脆的口感。

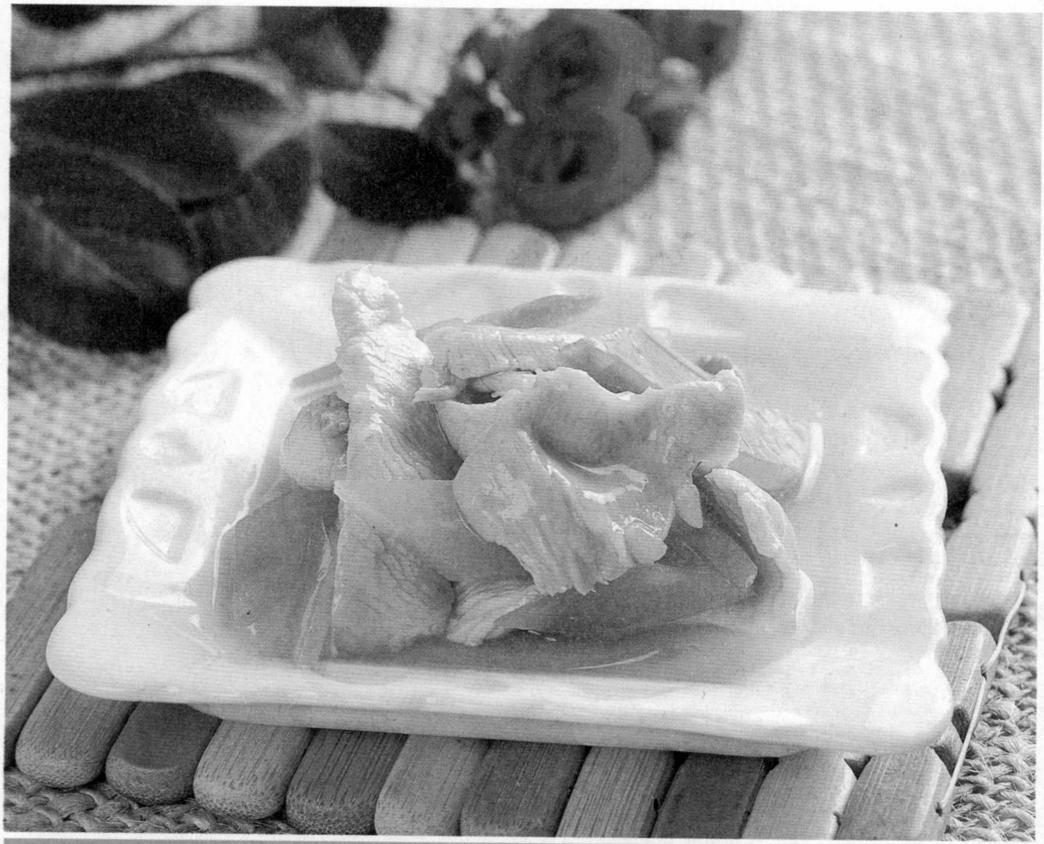

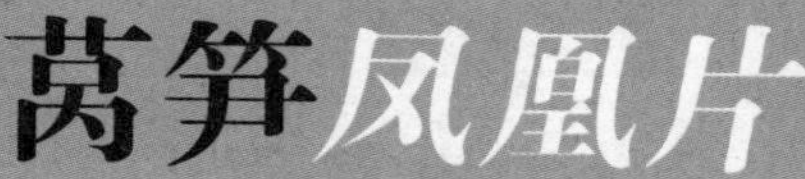

莴笋凤凰片

TIME 25分钟

视觉享受：★★
味觉享受：★★★
操作难度：★

菜品特点
入口柔滑
美味多汁

主料： 莴笋200克，鸡脯肉300克

配料： 植物油、葱、姜、蒜、精盐、生抽、淀粉、料酒、胡椒粉、鸡精各适量

操作步骤

①把鸡脯肉切成片，加入适量的淀粉、料酒、胡椒粉腌渍；莴笋洗净后切菱形片备用；葱、姜、蒜切碎备用。

②锅内放植物油，葱、姜、蒜放锅内爆香，下鸡脯肉，大火爆炒至鸡脯肉变色，放入莴笋，炒2分钟。

③放入适量的精盐、生抽、鸡精调味，翻炒一会儿即成。

操作要领

鸡脯肉的腌渍时间在20分钟左右。

视觉享受：★★ 味觉享受：★★★ 操作难度：★

酱莴笋

TIME 15分钟

菜品特点：味道鲜美 酱香味浓

主料： 莴笋1000克

配料： 精盐50克，海鲜酱150克

操作步骤

①把莴笋削去外皮，洗净，切块，放置于干净的小缸中用精盐腌渍，置于阳光下晒干。

②将海鲜酱涂抹在莴笋上，重新放入小缸内，酱制3~4天即成。

操作要领

莴笋腌渍后，要放在阳光下晒干，否则会影响口感。

视觉享受：★★★ 味觉享受：★★★★ 操作难度：★★★

红烧莴笋肉

TIME 30分钟

菜品特点：味道鲜美 入口柔滑

主料： 莴笋100克，五花肉500克

配料： 油、姜汁、蒜汁各15克，茴香、桂皮、八角、白蔻、香叶、桔皮、白糖、豆瓣酱、红油、精盐、鸡精各适量

操作步骤

①将莴笋洗净切块备用；五花肉洗净切块备用。

②锅内倒油加热，将茴香、桂皮、八角、白蔻、香叶、桔皮放入锅中，倒入红油，撒白糖炒至白糖起泡，放入豆瓣酱炒香，加水做成调料汁备用。

③把五花肉和莴笋放到油锅中翻炒，用姜汁和蒜汁调味，然后倒入做好的调料汁。

④锅中加水，先用大火烧开，随后改小火煮20分钟左右即可，出锅前加精盐和鸡精调味。

操作要领

翻炒五花肉的时候注意油不宜放得过多。

白萝卜

挑选与储存

萝卜皮细嫩光滑者为佳，用手指背弹碰其腰部，声音沉重则不糠心，如声音混浊则多为糠心萝卜。

性味

性凉，味甘、辛。

营养成分

营养素	含量/100 克	营养素	含量/100 克
热量	21.00 千卡	蛋白质	0.90 千克
碳水化合物	5.00 克	膳食纤维	1.00 克
灰分	0.60 克	维生素 A	3.00 毫克
脂肪	0.10 克	胡萝卜素	20.00 毫克

食疗功效

1. 积食腹胀、消化不良、胃纳欠佳，可以生捣白萝卜汁饮用；恶心呕吐、反吐酸水、慢性痢疾，均可切碎蜜煎，细细嚼咽；便秘，可以煮食；口腔溃疡，可以捣汁漱口。

2. 咳嗽、咳痰，最好切碎蜜煎，细细嚼咽；咽喉炎、扁桃体炎、声音嘶哑、失音，可以捣汁与姜汁同服；鼻出血，可以捣汁与少许酒热服，也可以捣汁滴鼻；咯血，可与羊肉、鲫鱼同煮熟食；预防感冒，可煮食。

适宜人群

一般人群均可食用。

体质弱者、脾胃虚寒者、胃及十二指肠溃疡者、慢性胃炎患者、单纯甲状腺肿者、先兆流产者、子宫脱垂者不宜多食。

烹饪技巧

白萝卜主泻，胡萝卜主补，所以二者最好不要同食。若要一起吃应加些醋来调和，以利于营养的吸收。

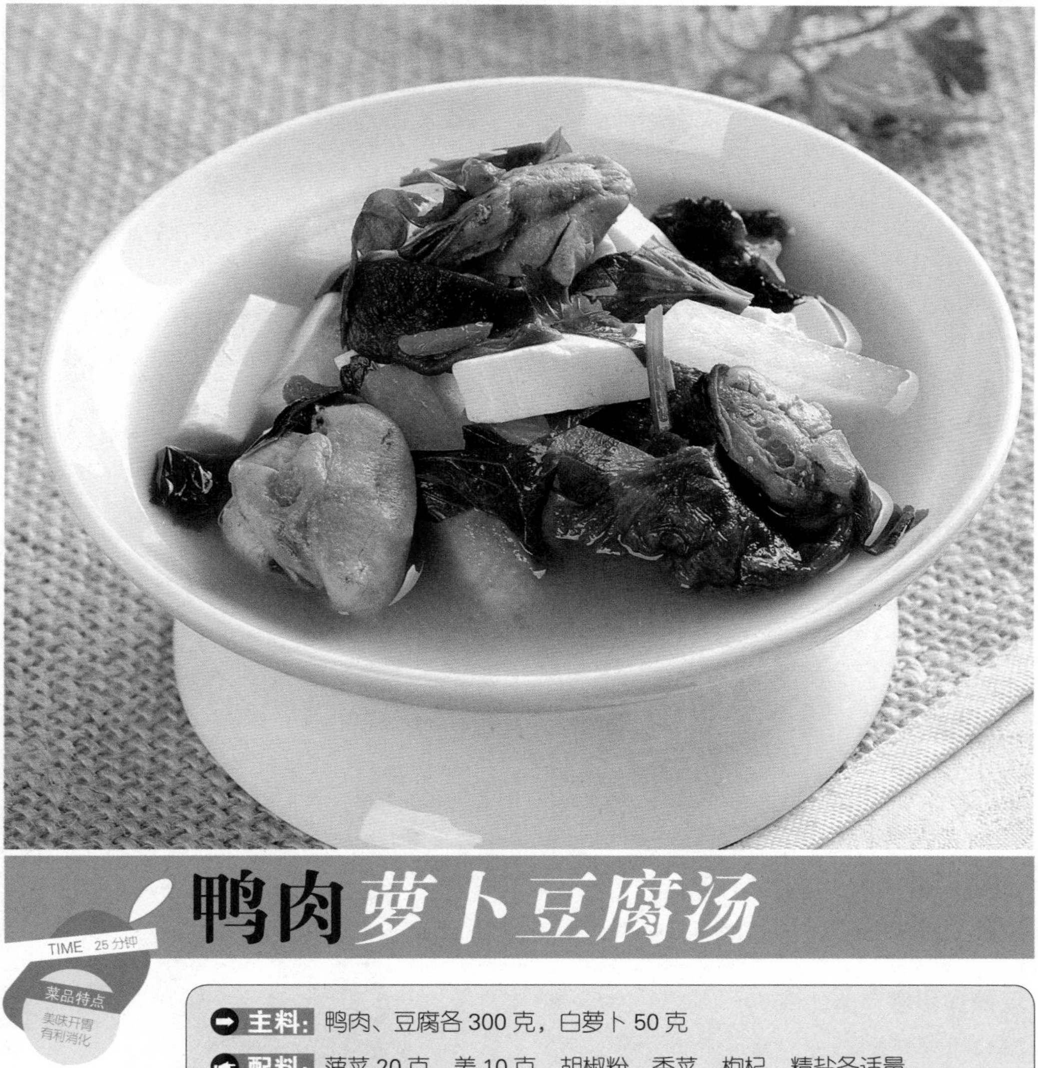

鸭肉萝卜豆腐汤

TIME 25分钟

菜品特点

美味开胃
有利消化

主料： 鸭肉、豆腐各300克，白萝卜50克

配料： 菠菜20克，姜10克，胡椒粉、香菜、枸杞、精盐各适量

视觉享受：★★★
味觉享受：★★★★
操作难度：★★★

操作步骤

①鸭肉、豆腐、白萝卜洗净切块备用；香菜、菠菜洗净切段备用；姜切末备用。

②锅中倒入清水加热，放入鸭肉，倒入姜末，炖煮。

③加入豆腐、白萝卜、菠菜、香菜、枸杞大火煮开，降低火力，煮到鸭肉九成熟。

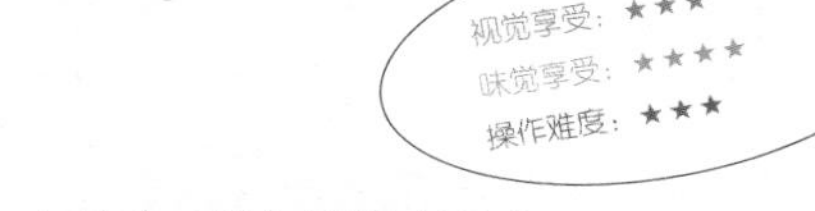

④加入精盐、胡椒粉调味即成。

操作要领

当鸭肉煮沸之后，要注意转文火加热。

味噌萝卜

主料： 白萝卜 200 克

配料： 葱花 20 克，味噌酱、精盐各适量

操作步骤

①白萝卜切块备用；味噌酱用少许温水搅拌溶化备用。

②将白萝卜放入锅中，放足冷水没过萝卜，放入精盐，以中火煮开后转小火煮约 15 分钟。

③加入味噌酱搅拌均匀，撒上葱花即成。

操作要领

中火烧开之后可以加半小勺糖，这样煮出的萝卜汤更美味。

主料： 肉松 500 克，萝卜 200 克，芹菜 50 克

配料： 植物油 100 克，精盐、香菜各适量

操作步骤

①将萝卜切丝备用；将芹菜切段后用热水焯熟，水中加适量盐，香菜切末备用。

②锅加热，倒入植物油烧热，把萝卜丝放入锅中烹炸，加入适量精盐调味，萝卜炸至金黄时捞出，沥干油。

③将炸好的萝卜丝放入盘中，加入肉松、芹菜，最后撒上香菜即成。

操作要领

萝卜简单烹炸便可，时间不可太长。

视觉享受：★★★ 味觉享受：★★★★ 操作难度：★

萝卜肉松

TIME 20 分钟

蘑菇

挑选与储存

买菜的时候通常要选择长得漂亮且大个的，挑选蘑菇也不例外。菇柄短而肥大、菇伞边缘密合于菇柄、菇体发育良好者最佳。

性味

性凉，味甘。

营养成分

营养素	含量 /100 克	营养素	含量 /100 克
蛋白质	2.90 克	碳水化合物	3.00 克
粗纤维	0.60 克	灰分	0.60 克
钙	8.00 毫克	铁	1.30 毫克
维生素 B_1	0.16 毫克	尼克酸	3.30 毫克

食疗功效

1. 蘑菇的有效成分可增强 T 淋巴细胞功能，从而提高机体对各种疾病的免疫功能。
2. 巴西某研究所从蘑菇中提取到一种物质，具有镇痛、镇静的功效，其镇痛效果可与吗啡相媲美。
3. 蘑菇提取液用于动物实验时，人们发现其有明显的镇咳、稀化痰液的作用。

适宜人群

更适宜免疫力低下者、高血压患者、老年人及糖尿病患者食用。

蘑菇性滑，便溏者慎食；另外，禁食有毒的野蘑菇。

烹饪技巧

蘑菇干制品可先用温水浸泡半天左右，然后让其在水盆中旋转，以去除沙粒；鲜品可以直接清洗。

去掉菇根后，可炒、熘、烩、炸、拌、做汤，也可酿、蒸、烧，还可当作各种荤、素菜肴的配料，是筵席上经常使用的食材之一。

红烧栗子蘑菇

TIME 20分钟

菜品特点：香味浓郁 利于消化

主料： 香菇300克，栗子200克，熟肉丸子50克

配料： 植物油100克，酱油35克，黄酒10克，淀粉10克，蒜5克，白糖5克，精盐、味精各2克

视觉享受：★★★
味觉享受：★★★★
操作难度：★★★

操作步骤

①将香菇去蒂、洗净备用；栗子剥皮备用；蒜切片备用；淀粉加水做成湿淀粉备用。

②锅中倒入植物油，烧至六七成热时，将香菇入油炸1分钟左右，改用中火炸3分钟，捞出沥油。

③原锅留适量底油烧至七成热，加蒜片爆香，下栗子翻炒，随即倒入香菇，倒酱油、黄酒、精盐、白糖，改用中火烧10分钟，将肉丸子放入再烧3分钟，改用旺火，待汤汁浓稠时，加味精拌匀，用湿淀粉勾芡出锅。

操作要领

栗子和香菇在摆盘的时候更适宜放在下部，肉丸子则要放在上部。

视觉享受：★★★ 味觉享受：★★★★ 操作难度：★★

红烧蘑菇

主料： 蘑菇250克，蒜苗50克

配料： 酱油35克，姜汁5克，白糖5克，黄酒10克，精盐2克，植物油50克，蒜、葱各适量

操作步骤

①将蘑菇去蒂，洗净，撕片；蒜苗洗净切段；蒜切片备用；葱切长段备用。

②锅中倒植物油，油烧至六七成热时，倒入蒜片、葱段爆香，将蘑菇下锅翻炒。

③蘑菇五成熟时，下蒜苗煸炒几下，随后倒入酱油、黄酒、精盐、白糖、姜汁调味，改用中火烧10分钟即成。

操作要领

蘑菇炒的时候需要经历两个阶段，最初用文火，然后用中火。

主料： 平菇500克

配料： 红辣椒10克，蒜25克，酱油、料酒各8克，胡椒粉3克，味精5克，精盐、植物油、水淀粉各适量

操作步骤

①平菇去掉老根，适当撕片；红辣椒切圈；蒜切末备用。

②锅中放适量水烧开，平菇下锅稍煮，捞出。

③锅中水倒净，植物油下锅，油烧热后将蒜末、红辣椒放入爆香，倒入平菇，用料酒、酱油、精盐、味精、胡椒粉调味，转用小火慢烧，待平菇炒熟，用水淀粉勾芡出锅即成。

操作要领

烹调平菇要注意小火烧制。

视觉享受：★★★ 味觉享受：★★★★ 操作难度：★★★

红烧平菇

油麦菜

挑选与储存

油麦菜的适宜贮藏温度为0℃，相对湿度在95%以上。进行贮藏或运输的油麦菜，要求的质量更高，叶片不要太嫩，水分含量宜低。

性味

性凉，味甘、苦。

营养成分

营养素	含量/100克	营养素	含量/100克
热量	15.00千卡	钠	80.00毫克
蛋白质	1.40克	钙	70.00毫克
碳水化合物	1.50克	镁	29.00毫克
脂肪	0.40毫克	铁	1.20毫克

食疗功效

油麦菜具有降低胆固醇、治疗神经衰弱、清燥润肺、化痰止咳等功效，是一种低热量、高营养的蔬菜。

适宜人群

胃炎患者、泌尿系统疾病患者、体质寒的人和尿频、胃寒的人应少吃。

烹饪技巧

油麦菜炒的时间不能过长，断生即可，否则会影响成菜脆嫩的口感和鲜艳的色泽。

另外，酱油不能放得太多，否则成菜会失去清淡的口味。

芝麻酱拌凤尾

TIME 10分钟

菜品特点
质地脆嫩
酱香浓郁

主料： 油麦菜 200 克

配料： 精盐 3 克，芝麻酱 10 克，鸡精 2 克，香油适量

视觉享受：★★★
味觉享受：★★★★
操作难度：★★

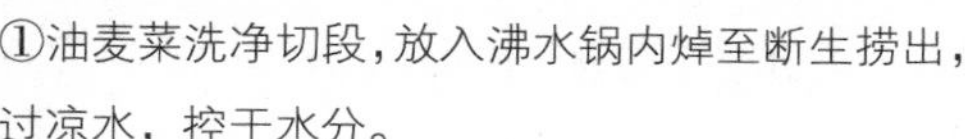

操作步骤

①油麦菜洗净切段，放入沸水锅内焯至断生捞出，过凉水，控干水分。

②把油麦菜整齐地摆放在盘内，芝麻酱加清水调稀，加入精盐、鸡精、香油调成味汁，淋在油麦菜上即成。

操作要领

此菜重点在于芝麻酱的香味，在调芝麻酱时要注意把握水与酱的比例，不要太稀。

韭菜

挑选与储存

选购韭菜以叶直、鲜嫩翠绿者为佳，这样的韭菜营养含量较高。

性味

性温，味甘、辛。

营养成分

营养素	含量 /100 克	营养素	含量 /100 克
热量	26.08 千卡	蛋白质	2.40 克
脂肪	0.40 克	膳食纤维	1.40 克
碳水化合物	3.20 克	核黄素	0.09 毫克
维生素 C	24.00 毫克	钾	247.00 毫克
铜	0.08 毫克	锌	0.43 毫克

食疗功效

1. 韭菜中含有植物性芳香挥发油，具有增进食欲的作用，老人、孩子、孕妇等适当吃些韭菜，有益于健康。

2. 韭菜有散瘀、活血、解毒的功效，不但有益于降低血脂，还能防治冠心病、贫血症、动脉硬化等。

3. 韭菜所含的硫化合物有一定的杀菌消炎的作用，可抑制绿脓杆菌、大肠杆菌和金黄色葡萄菌的形成。

4. 韭菜富含维生素 A，多吃不仅能护肤、明目和润肺，还能降低患伤风感冒、寒喘等疾病的概率。

适宜人群

一般人群均能食用。

适宜便秘者、产后想断乳的女性、寒性体质者等人群。

便秘者可多吃，因为韭菜含有大量的膳食纤维，能改善肠道，润肠通便。

烹饪技巧

韭菜与虾仁搭配，能为人体提供优质的蛋白质，同时韭菜中的粗纤维可促进胃肠蠕动，保持大便通畅。

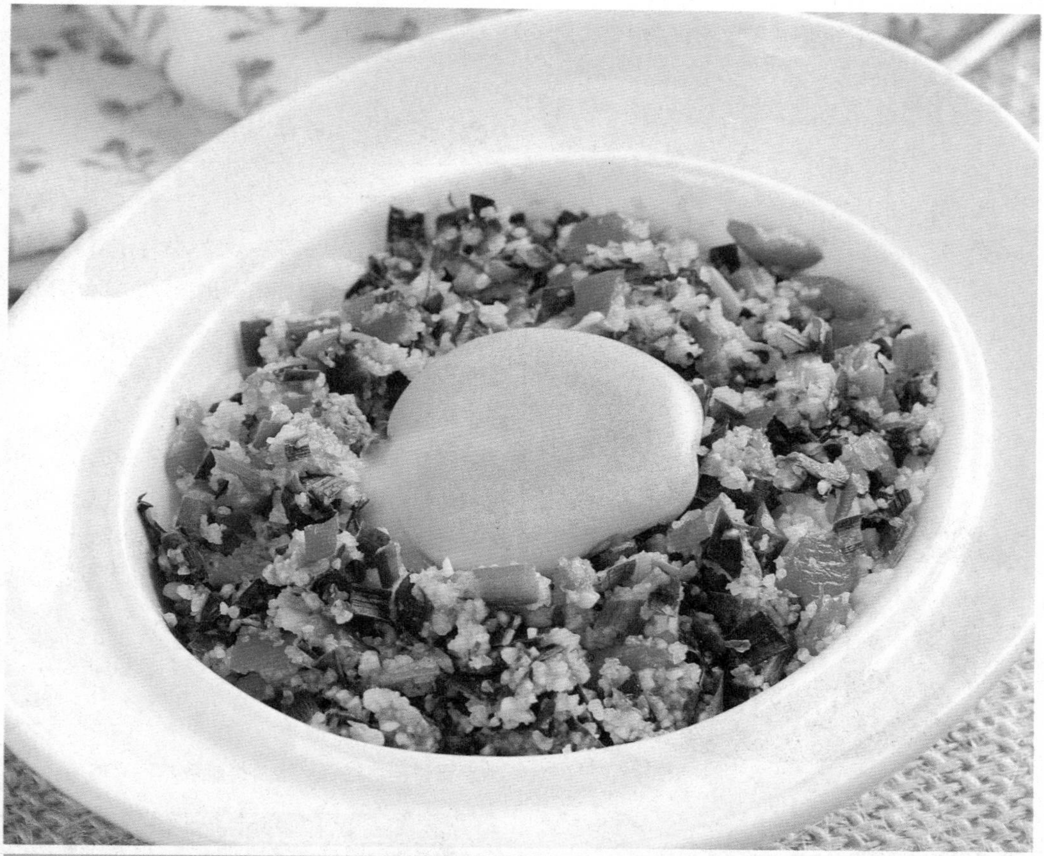

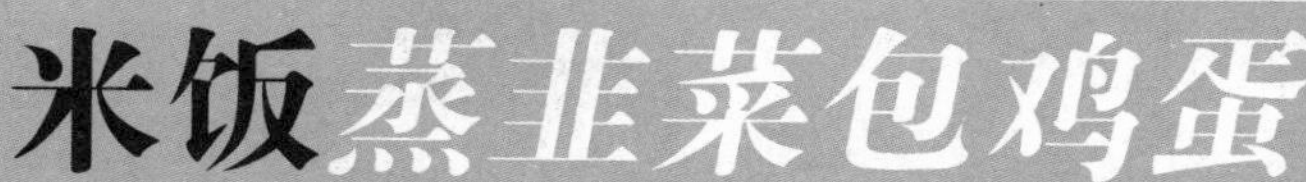

米饭蒸韭菜包鸡蛋

TIME 35分钟

菜品特点 香嫩适口

主料： 米饭500克，韭菜100克，鸡蛋1个

配料： 红辣椒50克，蒜、香油、料酒、精盐、植物油各适量

视觉享受：★★★
味觉享受：★★★
操作难度：★★

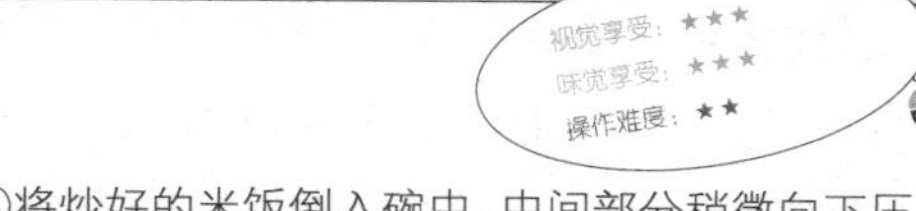

操作步骤

①韭菜洗净沥干水分，切成末备用；红辣椒切末备用；蒜切末备用。

②韭菜和红辣椒拌匀，加香油、料酒调味备用。

③净锅倒植物油，油热后用蒜末爆香，将米饭、韭菜、红辣椒倒入炒锅中翻炒，加精盐调味，炒熟后出锅。

④将炒好的米饭倒入碗中，中间部分稍微向下压，两边压平，磕入1个鸡蛋，放到蒸锅上蒸5分钟即成。

操作要领

鸡蛋直接磕入碗中，不要搅散。

视觉享受：★★★ 味觉享受：★★★ 操作难度：★

韭菜莴笋丝

TIME 15分钟

菜品特点：鲜美酥脆 利于开胃

主料： 莴笋200克，韭菜100克

配料： 红辣椒20克，植物油、精盐、蒜末、醋各适量

操作步骤

①莴笋切丝；韭菜切段；红辣椒切末备用。

②锅内倒入植物油，烧至五成热倒入蒜末爆香，将莴笋、韭菜、红辣椒倒入锅内翻炒。

③快熟时加入精盐、醋调味即成。

操作要领

莴笋和韭菜尽量切得一样长。

视觉享受：★★★ 味觉享受：★★★★ 操作难度：★★

如意韭菜卷

TIME 25分钟

菜品特点：松脆可口 香气扑鼻

主料： 鸡蛋5个，萝卜、芹菜各50克，韭菜100克

配料： 油100克，精盐、面粉各适量

操作步骤

①萝卜洗净削皮切成丁；韭菜切碎；芹菜洗净切丁备用；鸡蛋打成鸡蛋液备用；面粉加水做成糊备用。

②锅内放油，烧热，倒入萝卜、韭菜、芹菜，加少许精盐，一起炒熟。

③炒锅放油，倒入鸡蛋液，摊成一张蛋皮。

④把炒好的蔬菜放到蛋皮的一边卷起，注意卷紧。

⑤将卷好的蛋卷放到蛋液和面粉糊中滚匀。

⑥锅中烧油至七成热，把蛋卷入锅用小火炸，炸到颜色金黄后捞出。

⑦用厨房纸吸干油，切成菱形块，装盘即成。

操作要领

摊鸡蛋饼的时候，鸡蛋打得越散越容易摊薄。

蕨菜

挑选与储存

在挑选蕨菜时要选绿色的，若颜色发紫，就比较老了。另外，蕨菜成品宜采用低温条件贮藏，温度为 0~2℃为宜，相对湿度 15% 以下。

性味

性寒，味微苦而甘。

营养成分

营养素	含量 /100 克	营养素	含量 /100 克
胡萝卜素	1.04 毫克	维生素 B_2	0.13 毫克
维生素 C	27.00 毫克	蛋白质	6.60 克
脂肪	0.90 克	粗纤维	25.50 克
糖	5.42 克	钙	1.90 毫克
磷	5.16 毫克	钾	31.80 毫克

食疗功效

1. 蕨菜对细菌有一定的抑制作用，可用于发热不退、肠风热毒、湿疹、疮疡等病症，具有良好的清热解毒、杀菌清热的功效。
2. 蕨菜的某些有效成分能扩张血管，降低血压，其含有的粗纤维能促进肠胃蠕动，具有下气通便的作用。
3. 蕨菜能清肠排毒，民间常用蕨菜治疗泄泻痢疾及小便淋漓不通，效果较好。
4. 蕨菜可制成粉皮、粉肠代粮充饥，有补脾益气、强健机体、增强抗病能力的功效。

适宜人群

一般人群均可食用。脾胃虚寒者慎用，常人也不宜多食。

烹饪技巧

蕨菜可鲜食或晒成干菜食用，制作成干菜时用沸水烫后晒干即成。吃时用温水泡发，再烹制成各种美味的菜肴。

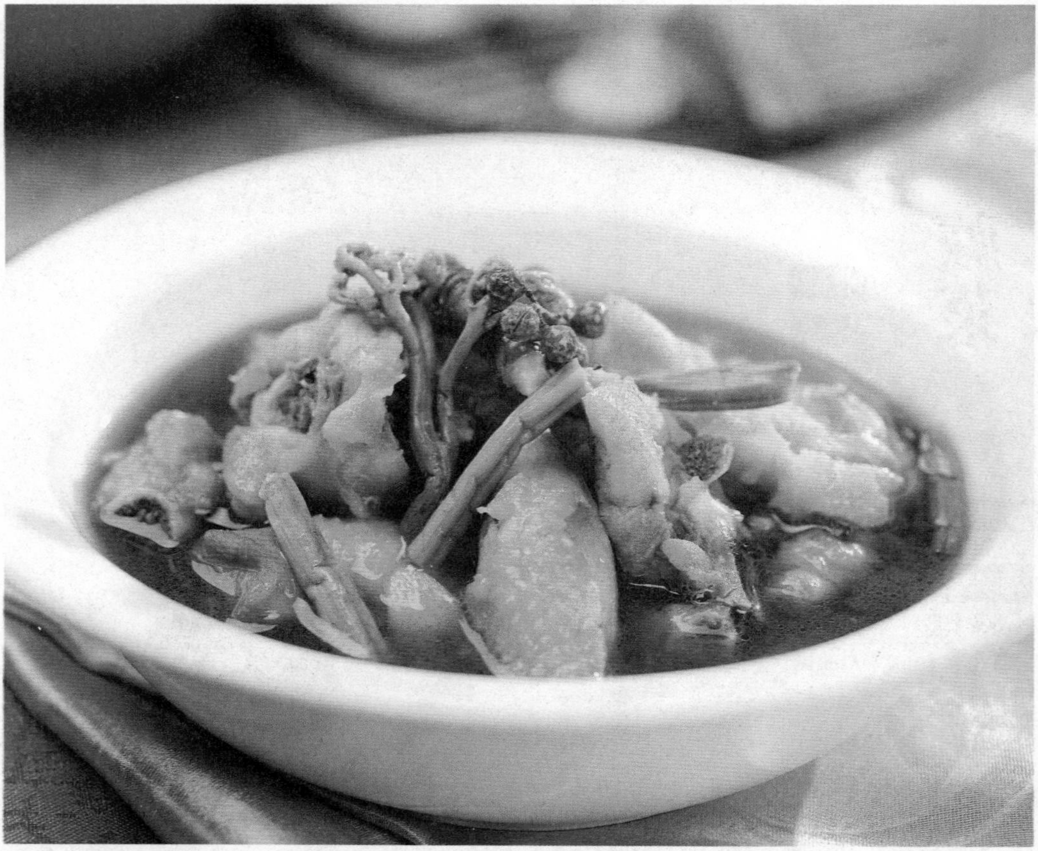

农家蕨菜炖鸡

TIME 45分钟

菜品特点
香味浓郁
味甘清热

主料： 鸡肉350克，蕨菜500克

配料： 鲜花椒10克，植物油、精盐、生抽、老抽、白糖各适量

视觉享受：★★★
味觉享受：★★★
操作难度：★★

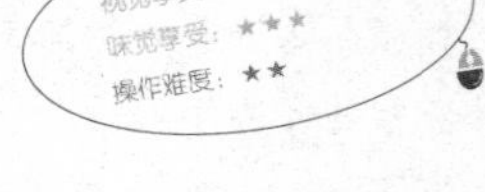

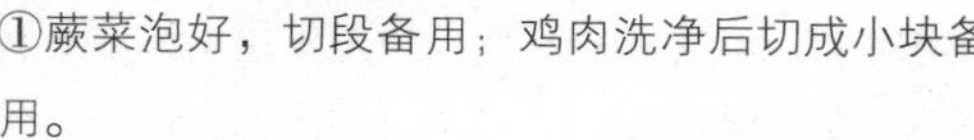

操作步骤

①蕨菜泡好，切段备用；鸡肉洗净后切成小块备用。

②炒锅内加植物油，倒入白糖炒出糖色，下鸡肉翻炒，加入生抽和老抽调味。

③倒入蕨菜段，加入没过菜量的开水，加入精盐、鲜花椒调味，然后大火煮开后，改小火慢炖30分钟左右后出锅。

操作要领

蕨菜经过开水浸泡后效果更好。

苦瓜

挑选与储存

品种优良的苦瓜，瓜形大，瓜肉厚，苦中带甘。其中“滑身苦瓜”，以其纹不深、瓜身光亮、肉质细嫩的特点著称，挑选与储存时可选以上类型。

性味

性寒，味苦。

营养成分

营养素	含量/100克	营养素	含量/100克
脂肪	0.10 克	膳食纤维	1.40 克
碳水化合物	3.50 克	胡萝卜素	100.00 微克
视黄醇	17.00 微克	硫胺素	0.03 毫克
核黄素	0.03 毫克	维生素 C	56.00 毫克
维生素 E	0.85 毫克	钾	256.00 毫克

食疗功效

1. 苦瓜具有清热祛暑、明目解毒、降压降糖、利尿活血、解劳清心、益气壮阳之功效。
2. 苦瓜中含有多种维生素、矿物质，含有清脂、减肥的特效成分，可以加速排毒。
3. 苦瓜还具有良好的降血糖、抗病毒和防癌的功效。

适宜人群

一般人群均可食用。

适宜糖尿病、癌症、痱子患者食用。

苦瓜性凉，脾胃虚寒者不宜食用。

烹饪技巧

不论是加糖或加各种调味品都不能彻底去掉苦瓜的苦味，因此苦瓜做材料不应放入过多的调料。

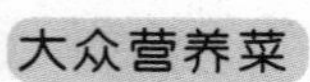

扒苦瓜

TIME 30分钟

视觉享受：★★★
味觉享受：★★★
操作难度：★★

菜品特点
咸甜苦辣
回味无穷

主料： 苦瓜、土豆各400克

配料： 红辣椒、胡椒粉、精盐、面糊、油、蒜、葱、洋葱各适量

操作步骤

①蒜、葱切末备用；洋葱洗净剥皮，切丝备用；红辣椒切末备用；苦瓜洗净后削皮，切开去籽，切成滚刀块，撒上胡椒粉拌匀，再放进面糊中挂浆，入油锅中炸至金黄色捞出备用；土豆去皮，洗净，切成片，入油锅加入适量精盐炸至金黄色捞出。

②炒锅烧热，放油，热后投入蒜末、葱末爆香，放入苦瓜块、洋葱丝、红辣椒末，用文火翻炒片刻，盛入盘中。

③将炸好的土豆片放在盘边，炒锅内余下的汁浇在苦瓜块上即成。

操作要领

土豆炸熟即成，烹炸时间不宜太长。

视觉享受：★★★ 味觉享受：★★★ 操作难度：★

大刀苦瓜

TIME 15分钟

菜品特点

香脆可口 开胃解暑

主料： 苦瓜200克，红辣椒50克，豌豆20克

配料： 芝麻、精盐、醋、鸡精、麻油各适量

操作步骤

①苦瓜清洗干净，对半剖开，除掉瓜瓤部分，切成条状备用。

②在苦瓜上撒精盐，用手抓捏均匀后，静置10分钟左右；红辣椒洗干净后，横切成辣椒圈备用。

③锅中水烧开，把苦瓜和豌豆倒进去，煮30秒。

④苦瓜、豌豆焯好捞出，用凉水冲洗降温，然后泡入冰水中，5分钟后捞出苦瓜、豌豆沥干水分，放红辣椒圈、精盐、芝麻、鸡精、醋、麻油一起拌匀即成。

操作要领

焯水的时间不要太长，否则苦瓜就不够脆了。

主料： 苦瓜400克，豆豉酱50克

配料： 香芹100克，油、蒜、香油、精盐、味精各适量

操作步骤

①将苦瓜去瓤、洗净，切成条，放入沸水中焯熟，然后捞出，放入凉水中浸凉，沥干水分后放入盘内备用；香芹洗净，切段，焯水后放入盛苦瓜的盘中备用；蒜切末后备用。

②锅置火上，放油烧热，放入豆豉酱、蒜末煸炒，盛出晾凉。

③将豆豉酱倒在苦瓜上，再撒上香油、精盐、味精搅拌均匀即成。

操作要领

豆豉酱一定要拌匀才行。

视觉享受：★★★ 味觉享受：★★★ 操作难度：★★

豆豉苦瓜

TIME 20分钟

菜品特点

鲜咸适口 味道独特

莲藕

挑选与储存

藕节短、藕身粗的为好，从藕尖数起第二节藕最好。

性味

性凉，味甘。（熟品性温）

营养成分

营养素	含量 /100 克	营养素	含量 /100 克
维生素 E	0.59 毫克	热量	74.00 千卡
蛋白质	2.60 克	脂肪	0.10 克
碳水化合物	17.23 克	纤维	4.90 克
钙	45.00 毫克	铁	1.16 毫克
镁	23.00 毫克	磷	100.00 毫克

食疗功效

1. 莲藕生食性寒，有清热凉血的作用，可用来治疗热性病症；莲藕味甘多液，对热病口渴、衄血、咯血、下血者尤为有益。

2. 莲藕中含有黏液蛋白和膳食纤维，能与人体内的胆酸盐、食物中的胆固醇及甘油三酯结合，使其从粪便中排出，从而减少脂类的吸收；莲藕散发出一种独特的清香，含有鞣质，有一定健脾止泻的功效，能增进食欲、促进消化、开胃健中，有益于胃纳不佳、食欲不振者恢复健康。

3. 莲藕的营养价值很高，富含铁、钙等微量元素，植物蛋白质、维生素及淀粉含量也很丰富，有明显的补益气血、增强人体免疫力的功效。

适宜人群

一般人群均可食用。

对于肝病、便秘、糖尿病等一切有虚弱之症的人十分有益。

烹饪技巧

莲藕可生食、烹食、捣汁饮、晒干磨粉煮粥。食用莲藕时要挑选外皮呈黄褐色、肉肥厚而白的，如果发黑、有异味，则不宜食用。

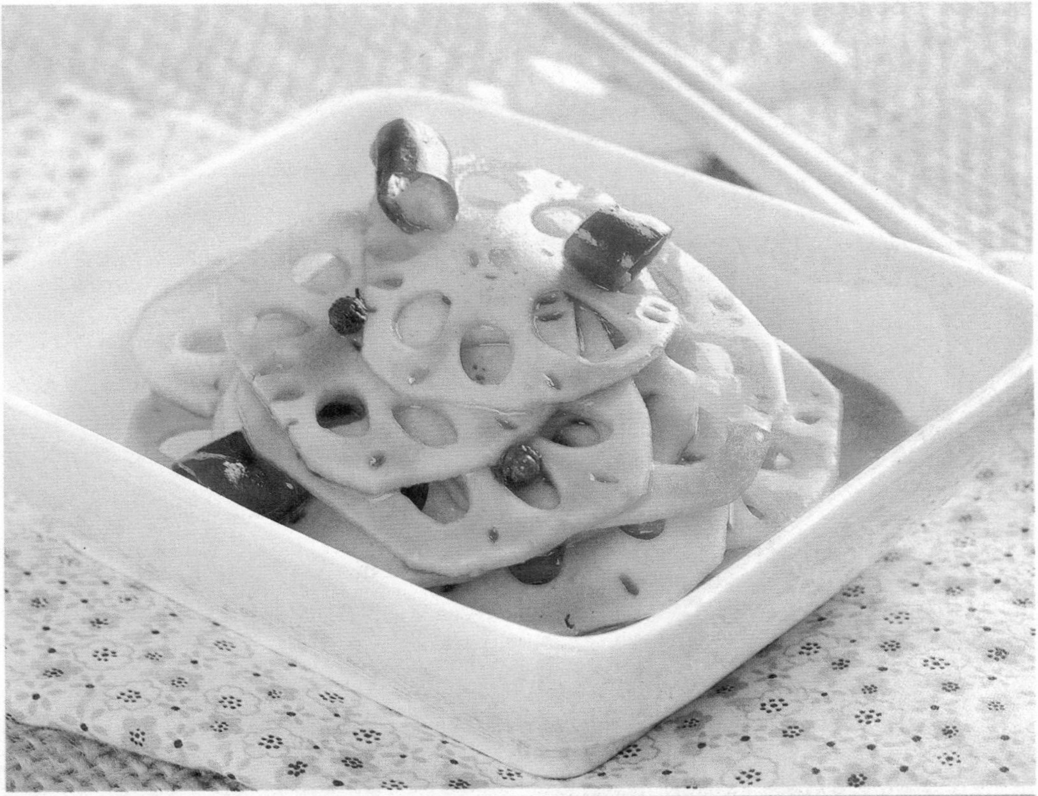

煳辣藕片

主料： 莲藕500克

配料： 植物油40克，红辣椒20克，精盐、糖、酱油、醋、鸡精、花椒、蒜末各适量

视觉享受：★★★
味觉享受：★★★
操作难度：★★

操作步骤

①将莲藕去皮，洗净，切成薄片，用清水洗去多余的淀粉，控干备用；红辣椒切小圈备用。

②将糖、醋、酱油、鸡精放小碗里拌匀做成调味汁备用。

③炒锅置中火上预热，倒植物油，放入红辣椒、蒜末爆香，加入花椒，炸30秒，将藕片倒入，加精盐调味，翻炒3分钟。

④将调味汁倒入菜中炒2分钟，使藕片入味，铲出装盘即成。

操作要领

红辣椒用干辣椒效果更佳。

视觉享受：★★★ 味觉享受：★★★ 操作难度：★★

花肉炖莲藕

TIME 60分钟

菜品特点：鲜香味美 营养丰富

主料： 莲藕200克，五花肉500克

配料： 精盐5克，蒜5克，姜、葱各10克，鸡精10克

操作步骤

①五花肉切块；藕去皮、洗净，用刀背拍碎成自然块；姜、葱、蒜切末备用。

②将五花肉、姜、蒜倒入砂锅，加水，小火烧开后下藕块，改中火熬30分钟，去浮沫再改小火熬30分钟，再加精盐、鸡精调味，最后撒葱末即成。

操作要领

炖五花肉要用文火。

主料： 莲藕200克，鸡蛋2个，肉馅100克

配料： 葱20克，姜水10克，面粉100克，生粉50克，吉士粉20克，料酒、胡椒粉、油各适量

操作步骤

①将莲藕去皮洗净，切片备用；葱切末备用；鸡蛋打成鸡蛋液备用。

②肉馅中加入姜水、葱末、胡椒粉、料酒搅拌均匀；取一器皿，加入面粉、生粉、吉士粉、鸡蛋液，加水搅拌成面糊。

③藕片中夹入肉馅再裹一层面糊，依次做好后放入油锅炸至两面金黄捞出沥油即成。

操作要领

刚买回来的莲藕外皮通常比较脏，清洗的时候要注意。

视觉享受：★★★ 味觉享受：★★★ 操作难度：★★

一品香酥藕

TIME 15分钟

菜品特点：香脆可口 操作简单

木耳

挑选与储存

木耳贮藏适温为0℃，相对湿度95%以上为宜。由于它是胶质食用菌，质地柔软，易发黏成僵块，因此需适时通风换气，以免霉烂。

性味

性平，味甘，微毒。

营养成分

营养素	含量 /100 克	营养素	含量 /100 克
蛋白质	10.60 克	热量	306.00 千卡
碳水化合物	65.50 克	钙	357.00 毫克
铁	185.00毫克	镁	25.00 毫克
磷	201.00毫克	钾	43.00 毫克
钠	9.00 毫克	锌	66.00 毫克

食疗功效

1. 木耳中铁的含量极为丰富，故常吃木耳能养血驻颜，令人肌肤红润、容光焕发，并可防治缺铁性贫血。
2. 木耳中含有维生素 K，能维持体内凝血因子的正常水平，防止出血。
3. 木耳中的胶质可把残留在人体消化系统内的灰尘、杂质吸附集中起来排出体外，从而起到清胃涤肠的作用。

适宜人群

适合心脑血管疾病患者、结石症患者食用，特别适合缺铁人士、矿工、冶金工人、纺织工、理发师食用。

孕妇不宜多吃。

烹饪技巧

黑木耳搭配乌鸡有补血活血的功效。黑木耳搭配红枣可以补血、活血、调经。

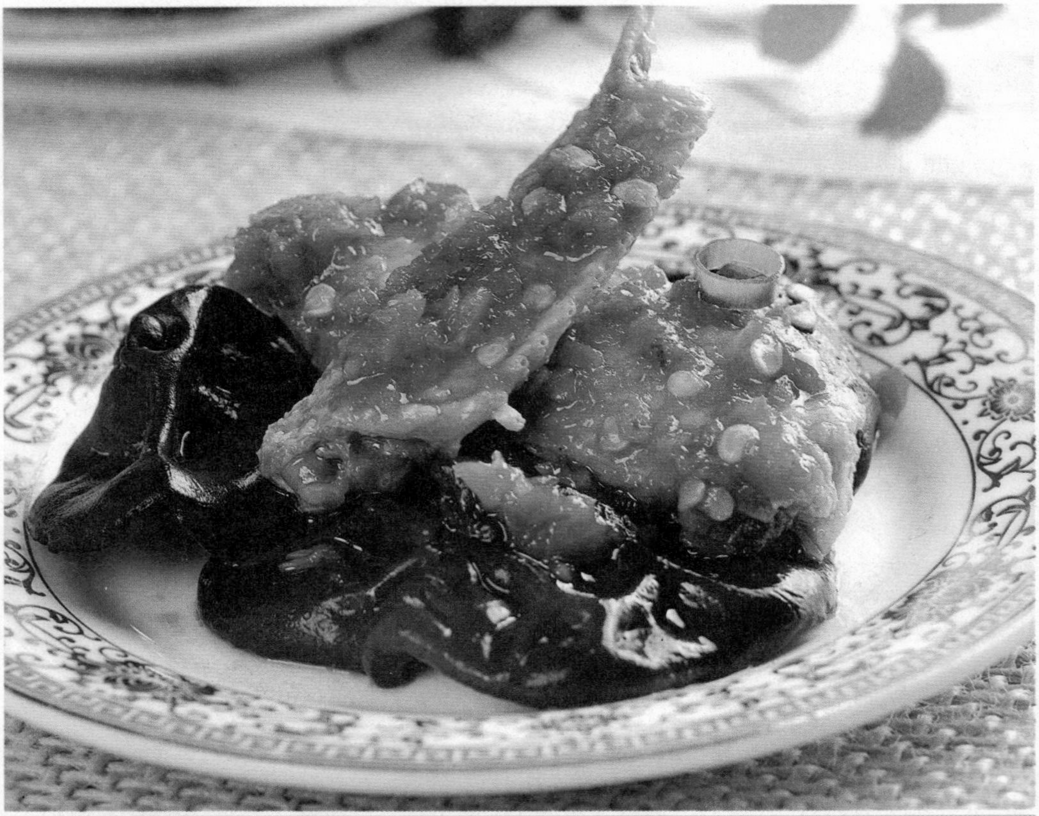

剁椒黑木耳蒸鸡翅

TIME 35分钟

菜品特点

鲜辣爽口

主料： 鸡翅400克，黑木耳200克

配料： 剁椒、蒜、姜、葱、糖、生抽、植物油、香油、盐各适量

视觉享受：★★★

味觉享受：★★★★

操作难度：★★

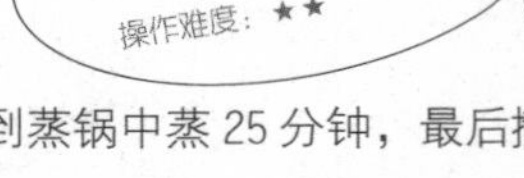

操作步骤

①姜和蒜切碎备用；葱切末备用；木耳提前泡发。

②锅里下植物油，放姜、蒜爆香，然后加入剁椒、糖、生抽、盐制作成调味料。

③将炒好的调料浇在鸡翅上进行腌渍。

④将腌过的鸡翅均匀码在黑木耳上面，把所有的酱汁都淋在表面，放到蒸锅中蒸25分钟，最后撒上葱末，淋香油即成。

操作要领

黑木耳要用冷水泡发。

视觉享受：★★★ 味觉享受：★★★★ 操作难度：★★

海米烩双耳

TIME 30分钟

菜品特点：嫩滑适口 香气扑鼻

主料： 海米400克，银耳、木耳各200克

配料： 葱末20克，植物油、料酒、水淀粉、胡椒粉、精盐、姜各适量

操作步骤

①海米洗净，用料酒、精盐和胡椒粉腌渍备用；提前泡发银耳和木耳；姜切小块备用。

②锅中倒入植物油加热，将海米过油盛出；锅内留底油，放入葱末、姜块爆香，放入过油后的海米。

③放入泡发的黑木耳和银耳翻炒，加少许精盐，最后用水淀粉勾芡出锅。

操作要领

银耳要用冷水泡发。

主料： 芦笋300克，银耳、黑木耳各100克

配料： 红椒30克，生抽、精盐、糖、植物油各适量

操作步骤

①芦笋洗干净，从根部削皮到三分之一处，切段备用；红椒切片备用。

②银耳和黑木耳用温水泡发，撕成小朵备用。

③锅烧热后加入植物油，把芦笋、银耳、黑木耳倒入煸炒1分钟后加入适量水，焖2分钟。

④放入红椒，煸炒后放入精盐、糖、生抽调味，再次炒匀后盛出即成。

操作要领

泡发银耳和木耳时，加入点面粉，更容易洗干净。

视觉享受：★★★ 味觉享受：★★★★ 操作难度：★★

芦笋烩双耳

TIME 20分钟

菜品特点：口感松脆 香而不腻

番茄

挑选与储存

挑选番茄时，要选颜色粉红、浑圆、表皮有白色小点的，感觉表面有一层淡淡的粉，捏起来很软。另外，蒂的部位一定要圆润，最好带淡淡的青色。籽粒呈土黄色，肉质红色、沙瓤、多汁。

性味

性凉，味甘、酸。

营养成分

营养素	含量 /100 克	营养素	含量 /100 克
维生素 B	0.06 毫克	蛋白质	0.90 克
碳水化合物	3.30 克	脂肪	0.20 克
维生素 E	0.42 毫克	钙	4.00 毫克
磷	24.00 毫克	钾	179.00 毫克

食疗功效

1. 番茄含胡萝卜素和维生素 B，有祛雀斑、美容、抗衰老、护肤等功效，可治真菌、感染性皮肤病。番茄的尼克酸能维持胃液的正常分泌，促进红血球的形成，有利于保持血管壁的弹性，对皮肤也很有好处。

2. 番茄红素具有独特的抗氧化能力，能清除自由基，保护细胞，使脱氧核糖核酸及基因免遭破坏，因此减缓癌变的进程。

3. 番茄中的维生素 C，有生津止渴、健胃消食、凉血平肝、清热解毒、降低血压的功效，多吃番茄可以抗衰老，使皮肤保持白皙。

适宜人群

一般人群均可食用。

尤其适宜于热性病发热、口渴、食欲不振、习惯性牙龈出血、贫血、头晕、心悸、高血压、急慢性肝炎、急慢性肾炎、夜盲症和近视眼患者食用。

烹饪技巧

番茄红素和胡萝卜素都是脂溶性的，生吃吸收率低，蛋炒或者做汤时吸收率较高。

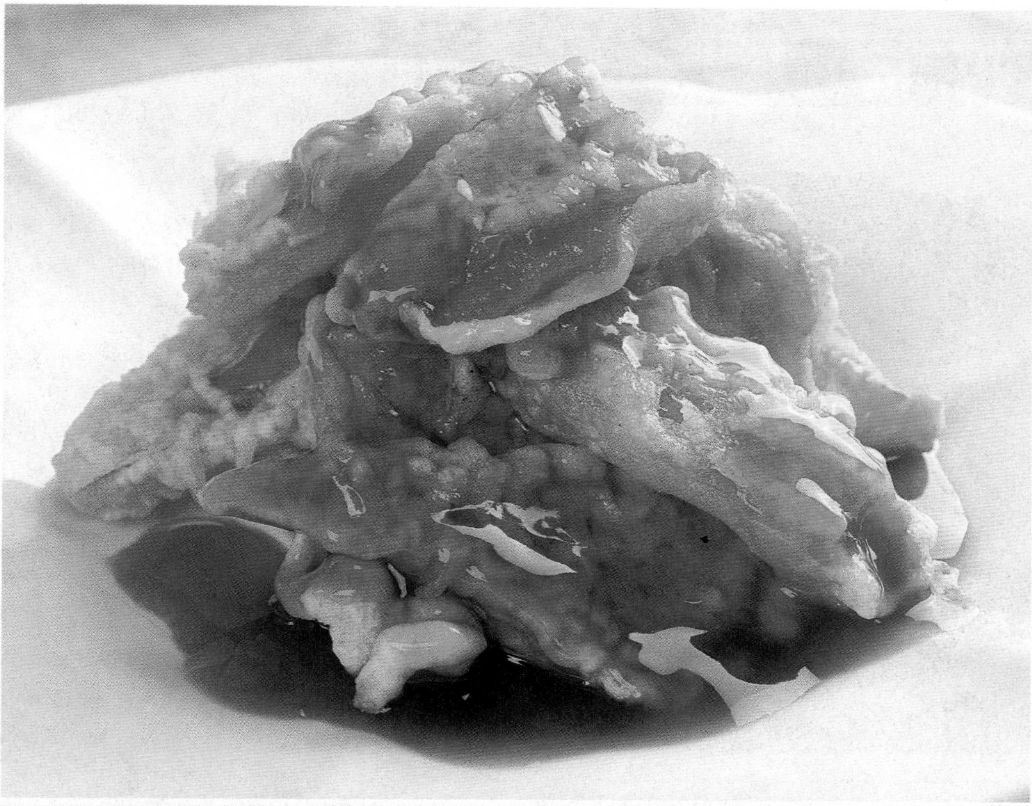

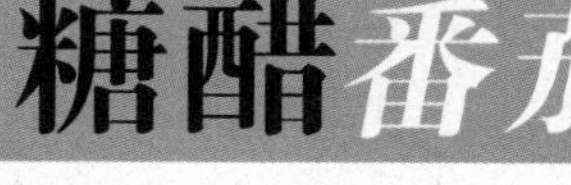

糖醋番茄

视觉享受：★★★
味觉享受：★★★★
操作难度：★

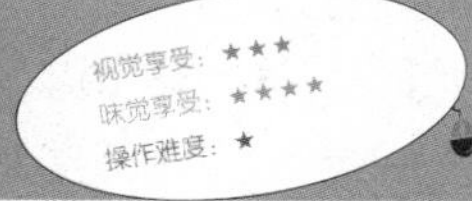

TIME 40分钟

菜品特点
酸甜适口
操作简单

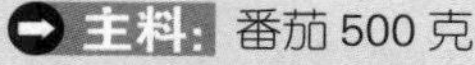

主料： 番茄500克

配料： 白糖100克，醋25克，植物油、精盐、蒜末、酱油、清汤、鸡精、淀粉各适量

操作步骤

①将番茄用沸水烫掉外皮，切成片状，去籽，放碗中备用。

②把白糖、醋均匀地倒在2只碗中。

③把番茄依次放入2只调料碗中分别腌15分钟，然后表面沾上淀粉。

④炒锅放植物油，中火加热，烧至7成热时，下腌好的番茄炸至金黄色，捞起沥油。

⑤炒锅留少许油烧热，下入蒜末爆锅，下炸好的番茄，加入酱油、清汤、精盐、糖、醋、鸡精调味，旺火收汁，出锅即成。

操作要领

糖醋番茄最后使用淀粉勾芡效果更好。

视觉享受：★★★ 味觉享受：★★★★ 操作难度：★

干锅番茄片

TIME 30分钟

菜品特点：口感香脆 好吃不腻

主料： 番茄250克，鸡蛋1个

配料： 芝麻10克，植物油60克，精盐、胡椒粉、淀粉各适量

操作步骤

①将番茄洗净，切开去籽，切片，在番茄片上撒匀胡椒粉、精盐。

②把鸡蛋打入碗内，打散成鸡蛋液，再用番茄片蘸上蛋液，用淀粉裹住，最后将番茄片压实。

③将锅放在火上烧热，倒入植物油，烧至八成热，下番茄片，炸至两面金黄色时捞出，撒芝麻装盘即成。

操作要领

番茄切成1厘米厚的番茄片为最佳。

主料： 番茄750克

配料： 鸡蛋2个，油200克，精盐、料酒、水淀粉、白糖、香油、面粉、酱油、胡椒粉、醋、番茄酱、高汤各适量

操作步骤

①将番茄洗净去皮，去籽，切成片备用；打鸡蛋，取鸡蛋液和水淀粉、面粉调成蛋糊。

②将油在旺火上烧至八成热，把番茄裹匀蛋糊逐个炸到金黄色时捞起，放入盘中。

③锅内倒入油烧热，将高汤、酱油、精盐、胡椒粉、番茄酱、料酒、醋、白糖倒入后用水淀粉勾芡，起锅淋在番茄上，加香油即成。

操作要领

番茄可以用热水烫，这样更容易去皮。

视觉享受：★★★ 味觉享受：★★★ 操作难度：★

软熘番茄

TIME 30分钟

菜品特点：酸甜适口 操作简单

茼蒿

挑选与储存

茼蒿属叶菜类，最好现买现吃，否则菜内的水分流失就不新鲜了。

性味

性凉，味辛、甘。

营养成分

营养素	含量 /100 克	营养素	含量 /100 克
脂肪	0.30 克	碳水化合物	1.90 克
粗纤维	0.60 克	灰分	0.90 克
胡萝卜素	0.28 毫克	维生素 B_1	0.01 毫克
维生素 B_2	0.03 毫克	尼克酸	0.20 毫克
钠	172.00 毫克	钾	207.00 毫克

食疗功效

1. 茼蒿中含有特殊香味的挥发油，有助于宽中理气、消食开胃、增加食欲，并且其所含粗纤维有助肠道蠕动，促进排便，达到通腑利肠的目的。

2. 茼蒿内含丰富的维生素、胡萝卜素及多种氨基酸，可以养心安神，润肺补肝，稳定情绪，防止记忆力减退。此外，茼蒿气味芬芳，可以消痰开郁、避秽化浊。

3. 茼蒿中含有多种氨基酸、脂肪、蛋白质及含量较多的钠、钾等矿物盐，能调节体内水液代谢，通利小便，消除水肿。茼蒿含有一种挥发性的精油以及胆碱等物质，具有降血压、补脑的功效。

适宜人群

适宜头晕、乏力、易倦、耳鸣、眼花、皮肤黏腻、指甲颜色苍白以及体力活动后感觉气促、骨质疏松、心悸症状的人群食用。

适宜多痰、痰黏稠、咳嗽等人群食用。

适宜患有心悸、怔忡、失眠多梦、心烦不安、痰多咳嗽、腹泻、脘胀、夜尿频繁、腹痛寒疝等病症的人群食用。

烹饪技巧

火锅中加入茼蒿，可促进鱼类或肉类蛋白质的代谢，对营养的摄取有益。

视觉享受：★★★ 味觉享受：★★★ 操作难度：★

腐乳炒茼蒿

TIME 25分钟

菜品特点：咸淡适口 有利健康

主料： 茼蒿500克，腐乳150克

配料： 植物油100克，红辣椒50克，蒜、精盐、生抽各适量

操作步骤

①鲜茼蒿清洗干净，控水，切段备用；红辣椒切细长条备用；蒜切末备用；腐乳打碎成茸备用。

②锅中倒植物油，等油热后放入蒜末爆香，倒入茼蒿、腐乳翻炒，茼蒿软化时放入精盐，加入红辣椒条继续翻炒。

③最后倒入生抽出锅即成。

操作要领

茼蒿用盐水泡效果更好。

视觉享受：★★★ 味觉享受：★★★ 操作难度：★★

蒜香茼蒿梗

TIME 5分钟

菜品特点：颜色翠绿 口感清爽

主料： 茼蒿梗300克

配料： 植物油、蒜、姜、酱油、精盐、味精、香油各适量

操作步骤

①茼蒿梗洗净后切段备用；蒜、姜切末备用。

②锅中热植物油，下入姜、蒜末爆香，倒入茼蒿梗翻炒，加精盐和酱油调味。

③出锅前加味精炒匀，淋上少许香油即成。

操作要领

此菜以大火爆炒为主。

营养豆制品类

豆腐

挑选与储存

南豆腐俗称水豆腐，以内无水纹、无杂质、晶白细嫩的豆腐为上品。内有水纹、有气泡、有细微颗粒、颜色微黄的为劣质豆腐。

性味

性寒，味甘、咸，无毒。

营养成分

营养素	含量 /100 克	营养素	含量 /100 克
热量	81.00 千卡	硫胺素	0.04 毫克
碳水化合物	4.20 克	核黄素	0.03 毫克
脂肪	3.70 克	烟酸	0.20 克
蛋白质	8.10 克	维生素 C	0.40 毫克
纤维素	0.40 克	维生素 E	2.71 毫克

食疗功效

1. 吃豆腐对治疗老年人便秘有好处，老年人因为年龄的关系，消化系统不好，经常会出现便秘的情况，而豆腐是软食，容易消化。所以，专家建议老年人多吃豆腐，从而减少便秘。

2. 吃冻豆腐有助减肥，新鲜的豆腐经过冷冻之后，会产生一种酸性物质，这种酸性物质能够破坏人体内积存的脂肪，达到减肥的目的，冻豆腐虽然经过冷冻，但是营养成分不会受到破坏，所以，多吃豆腐，尤其是冻豆腐，对于许多急于减肥的朋友是很有益处的。

3. 吃发酵后的豆腐能预防大脑老化。

适宜人群

对肾病综合症患者来说，每日蛋白质的摄入量应根据尿中蛋白质流失的多少来确定，豆腐中含有极为丰富的蛋白质，一次食用过多不仅会阻碍人体对铁的吸收，而且容易引起蛋白质消化不良，导致腹泻、腹胀。

烹饪技巧

豆腐的吃法多种多样，煮、炖、炒、凉拌均可。但切记豆腐的保存时间很短，千万不能吃坏了的豆腐，而我们平时吃的腐乳是经过无氧发酵的，和自然放坏的豆腐并不相同。

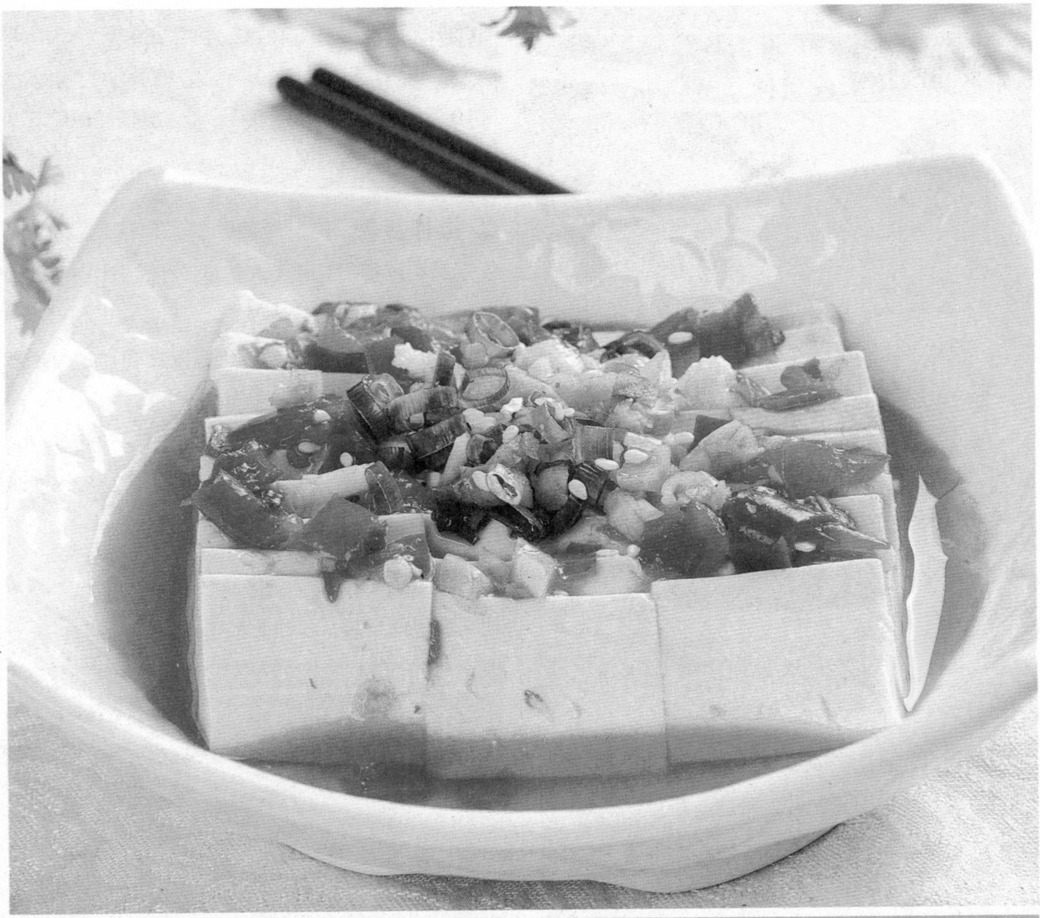

剁椒蒸豆腐

TIME 15分钟

菜品特点
麻辣适口
颜色鲜艳

主料： 豆腐300克，剁椒50克，彩椒30克

配料： 葱花30克，芝麻、蒸鱼豉油、麻油各适量

视觉享受：★★★
味觉享受：★★★
操作难度：★★

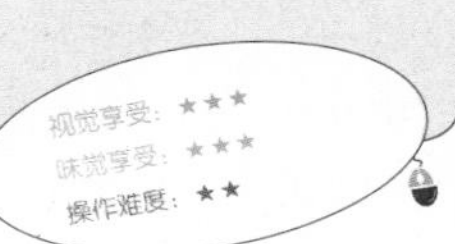

操作步骤

①彩椒切末。

②豆腐切块摆盘，再放入剁椒、彩椒、葱花，入蒸锅蒸8分钟。

③把盘子里的水倒净，淋上蒸鱼豉油，再蒸5分钟左右。

④撒上芝麻，淋适量麻油即成。

操作要领

蒸鱼豉油有咸味，因此可以不加精盐。

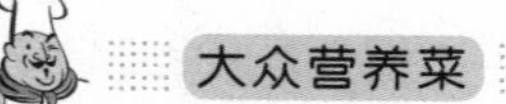

视觉享受：★★★ 味觉享受：★★★★ 操作难度：★★

油豆腐烧肉

TIME 40分钟

菜品特点：香气四溢 美味可口

主料： 五花肉400克，油豆腐300克

配料： 豆瓣酱、葱、啤酒、精盐、鸡精、老抽、糖、植物油、大酱、料酒各适量

操作步骤

①五花肉洗净切丁，用热水焯一下，去掉多余的杂质；葱切末备用；将大酱、老抽、豆瓣酱、料酒一起放到碗中，加入适量清水搅拌做成调味料。

②锅中倒入植物油加热，加入葱末爆香，放入五花肉翻炒，炒到肉变色，下油豆腐翻炒1分钟。

③在锅中倒入调味料，加入啤酒、精盐、鸡精、糖。

④锅开后用文火焖30分钟，撒上葱末即成。

操作要领

五花肉焯水时在水中加入少许料酒，可以去除肉的腥味。

主料： 海米150克，豆腐350克

配料： 红辣椒30克，豆瓣酱20克，葱10克，精盐、鸡精各5克，糖、植物油、蒜末、生抽、料酒各适量

操作步骤

①豆腐切片备用；葱切末备用；红辣椒切末备用；海米泡发好，切碎备用。

②锅内加植物油，加热后用蒜末爆香，把海米炒出香味备用。

③锅中加水，放进豆腐、红辣椒炖煮，用精盐、鸡精、葱末、糖、豆瓣酱、生抽、料酒调味，放入海米煮2分钟出锅即成。

操作要领

海米要提前发好，操作之前备用。

视觉享受：★★★ 味觉享受：★★★★ 操作难度：★★★

海米炖豆腐

TIME 15分钟

菜品特点：爽滑鲜嫩 好吃不腻

腐竹

挑选与储存

优质腐竹具有腐竹固有的香味，无其他任何异味。劣质腐竹有霉味、酸臭味等不良气味及其他外来气味。

性味

性平，味甘、淡。

营养成分

营养素	含量 /100 克	营养素	含量 /100 克
碳水化合物	7.60 克	纤维素	1.00 克
脂肪	21.70 克	维生素 E	27.84 克
蛋白质	44.60 克	核黄素	0.07 克
硫胺素	0.13 毫克	镁	71.00 毫克

食疗功效

1. 腐竹具有良好的健脑作用，能预防老年痴呆症。这是因为，腐竹中谷氨酸含量很高，是其他豆类或动物性食物的 2~5 倍，而谷氨酸在大脑活动中起着重要的作用。

2. 腐竹中所含有的磷脂、皂苷还能降低血液中的胆固醇的含量，有防治高脂血症、动脉硬化的功效。

适宜人群

腐竹的营养价值虽高，但有些人如肾炎、肾功能不全者最好少吃，否则会加重病情。糖尿病人、酸中毒病人以及痛风患者或正在服用四环素、优降灵等药的病人也应慎食。

烹饪技巧

腐竹用清水浸泡（夏凉冬温）3~5 小时即可发开。可烧、炒、凉拌、汤食等，食之清香爽口，荤、素食各有风味。

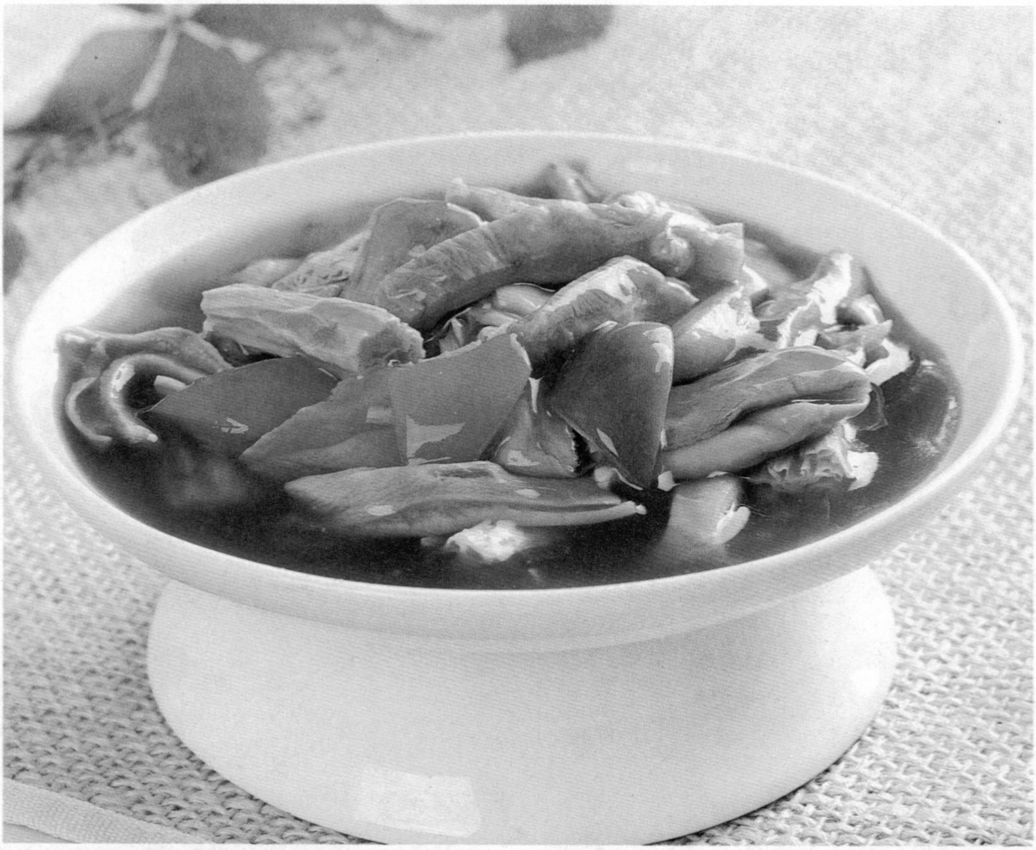

肚条烩腐竹

视觉享受：★★
味觉享受：★★★
操作难度：★★

TIME 90分钟

菜品特点
味道浓郁
制作简单

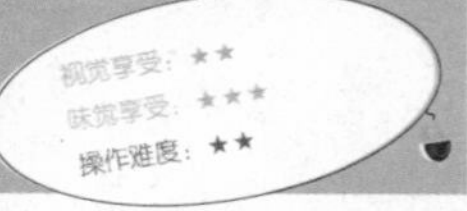

主料： 猪肚400克，腐竹100克

配料： 青辣椒、红辣椒、高汤各100克，植物油150克，料酒25克，蒜、淀粉各10克，胡椒粉3克，精盐4克，味精5克

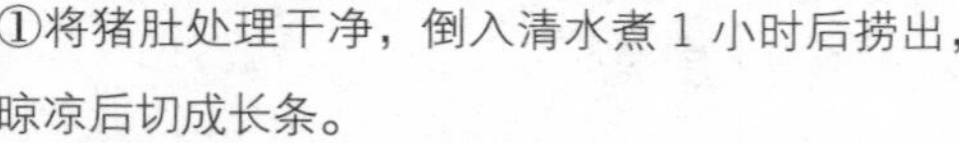

操作步骤

①将猪肚处理干净，倒入清水煮1小时后捞出，晾凉后切成长条。

②蒜洗净切末备用；腐竹泡发切段备用；青、红辣椒切片备用。

③锅内倒植物油烧热，加入蒜末爆香后，倒入高汤，再下入肚条、腐竹、青辣椒、红辣椒，用精盐、料酒、胡椒粉调味，开锅后转小火烧20分钟，放入味精，用水淀粉勾芡即成。

操作要领

猪肚洗净后放入开水中煮可以去掉猪肚的血水。

腐竹甲鱼汤

主料： 甲鱼500克，腐竹100克

配料： 榛子适量，姜片5克，葱段10克，料酒10克，精盐4克

操作步骤

①将腐竹用热水泡发备用；将榛子去皮后洗净备用；将甲鱼放入热水中宰杀，剖开，去内脏并洗净，甲鱼肉切成块状。

②在砂锅里倒入适量清水，加姜片、葱段、料酒、精盐调味，并加入榛子、腐竹、甲鱼一起炖熟即成。

操作要领

甲鱼属于杂食性动物，宰杀甲鱼的时候要注意清洗干净。

主料： 腐竹200克，芹菜10克，玉兰片100克，五花肉50克

配料： 植物油20克，花椒油、蒜、葱，精盐、鸡精各适量

操作步骤

①将玉兰片泡发备用；葱、蒜切末备用；芹菜切段备用；五花肉切成片；腐竹泡发，切成段，沥干水分备用。

②坐锅点火加植物油，油热后放入蒜末、葱末爆香，将玉兰片、五花肉放入锅内翻炒。

③肉快熟时，加入芹菜、腐竹翻炒，用精盐、鸡精调味，浇上花椒油焖一会儿拌匀即成。

操作要领

玉兰片简单翻炒便可，不用大火。

腐竹玉兰片

豆芽

挑选与储存

正常的黄豆芽略呈黄色，不太粗，水分适中，无异味。不正常的颜色发白，豆粒发蓝，芽茎粗壮，水分较多，有化肥的味道。另外，购买绿豆芽时选5~6厘米长的为好。

性味

性寒，味甘。

营养成分

营养素	含量/100克	营养素	含量/100克
蛋白质	4.50克	碳水化合物	3.00克
脂肪	1.60克	灰分	0.60克
维生素B	0.04毫克	尼克酸	0.80毫克
钾	160.00毫克	钾	21.00毫克

食疗功效

1. 豆芽具有美容、排毒、抗氧化、提高机体免疫力的功效。

2. 豆芽具有清除血液中堆积的胆固醇和脂肪、防治心血管疾病的作用。

3. 豆芽能减少人体内乳酸的含量，可用来治疗神经衰弱。

4. 豆芽含有大量的核黄素，可用来治疗口腔溃疡。

营养成分

特别适合坏血病、口腔溃疡、消化道癌症患者和减肥人士食用，嗜烟酒、肥腻者也适宜常吃。豆芽膳食纤维较粗，不易消化，且性质偏寒，所以脾胃虚寒之人，不宜久食。

烹饪技巧

豆芽易炒、易炖、易凉拌，营养丰富。

豆芽炒双丝

TIME 10分钟

菜品特点
清爽可口
颜色丰富

主料： 黄豆芽100克，胡萝卜、黄瓜、冬瓜各50克

配料： 植物油40克，精盐10克，醋、糖各适量

视觉享受：★★★
味觉享受：★★★
操作难度：★★

操作步骤

①将黄豆芽洗净备用；胡萝卜洗净切丝备用；黄瓜洗净切条备用；冬瓜洗净削皮，切条备用。

②锅内倒植物油加热，放入黄豆芽、胡萝卜、黄瓜、冬瓜翻炒至变软。

③锅内加精盐、糖调味，沿着锅边倒入些许醋，翻炒几下即成。

操作要领

此菜不宜炒得时间太长。

主料： 猪肚500克，豆芽150克

配料： 葱15克，精盐5克，胡椒粉2克，味精、姜各10克，料酒20克

操作步骤

①豆芽洗净后备用；葱切小段，姜切片备用；猪肚洗净放入开水锅内煮，捞出控干水分，切成长条备用。

②猪肚放入砂锅中，加清水煮开，撇去浮沫，放入葱、姜、料酒调味，用小火炖40分钟左右。

③把豆芽放入砂锅中炖煮。

④加精盐、胡椒粉、味精调味，取出葱、姜盛入汤碗内即成。

操作要领

猪肚内有许多脏物，清洗的时候一定要洗净。

主料： 鲜猪蹄300克，黄豆芽100克

配料： 宽粉、姜、葱、八角、糖、精盐、酱油、油、料酒各适量

操作步骤

①黄豆芽提前浸泡半天备用；猪蹄切块，焯水后冲洗干净；宽粉提前浸泡备用；姜切片备用；葱切末备用。

②锅内下油，待油热时下姜、葱、八角爆香，倒入猪蹄爆炒，然后加酱油、料酒调味。

③加水没过猪蹄，大火烧开，然后转小火，炖20分钟。

④加入黄豆芽、宽粉大火烧开，加些糖、精盐，然后小火慢慢炖煮，直到猪蹄煮烂，捞出葱、姜、八角即成。

操作要领

为了让猪蹄容易炖烂，可以事先用高压锅处理一下。

豆皮

挑选与储存

皮薄透明，有光泽，柔软不黏，表面光滑，色泽乳白、微黄者为好的豆皮。

性味

性平，味甘、淡。

营养成分

营养素	含量 /100 克	营养素	含量 /100 克
热量	409.00 千卡	钾	536.00 毫克
磷	318.00 毫克	钙	116.00 毫克
镁	111.00 毫克	蛋白质	44.60 克
维生素 E	20.63 毫克	碳水化合物	18.80 克
脂肪	17.40 克	铁	13.90 毫克
钠	9.40 毫克	锌	3.81 毫克

食疗功效

1. 豆皮含有大量的卵磷脂，可防止血管硬化，预防心血管疾病，保护心脏。

2. 豆皮含有多种矿物质，能补充钙质，防止因缺钙引起的骨质疏松，促进骨骼发育。

适宜人群

一般人皆可食用。

适宜身体虚弱、营养不良、气血双亏、年老羸瘦之人食用。不适宜高脂血症、高胆固醇、肥胖者及血管硬化者食用。

烹饪技巧

豆皮为半干性制品，是素馔中的上等原料。切成细丝，经烫或煮后，可供拌、炝食用或用于炒菜、烧菜、烩菜；可配荤料、蔬菜，如肉丝、韭菜、白菜等，也可单独成菜。

视觉享受：★★★ 味觉享受：★★★ 操作难度：★

小炒豆腐皮

TIME 15分钟

菜品特点：色彩鲜艳 软嫩醇香

主料： 豆腐皮300克

配料： 青、红椒各50克，植物油、精盐、酱油各适量

操作步骤

①豆腐皮切菱形片备用；青、红椒洗净去蒂横切成圈。

②锅中加植物油，放入青、红椒和豆腐皮，翻炒均匀，用精盐、酱油调味即成。

操作要领

豆腐皮本身就能生吃，所以放入锅中后翻炒几下即成。

视觉享受：★★ 味觉享受：★★★★ 操作难度：★

辣椒炒豆皮

TIME 20分钟

菜品特点：味道浓郁 汤汁鲜美

主料： 豆皮300克

配料： 油、蒜、青辣椒、红辣椒、冬笋、精盐、生抽各适量

操作步骤

①豆腐皮用清水冲洗一下，切成方片，放在开水中略煮；冬笋洗净后削皮切片；青辣椒切菱形片备用；红辣椒斜切成细长段备用；蒜切末备用。

②锅内加底油，放入蒜末爆香，加入青、红辣椒，翻炒2分钟后放入豆皮、冬笋，继续翻炒，加入精盐、生抽调味，翻炒均匀即成。

操作要领

豆腐皮过热水的目的是去豆腥味。

蚕豆

挑选与储存

蚕豆以新鲜有皮、豆厚身坚者为好。如果蚕豆变黑就是劣品，不可购买。凡豆荚表面有浸水斑点的，表示蚕豆被冻伤。

性味

性平，味甘、微辛，无毒。

营养成分

营养素	含量 /100 克	营养素	含量 /100 克
热量	335.00千卡	硫胺素	0.09 毫克
蛋白质	21.60 克	核黄素	0.13 毫克
脂肪	1.00 克	烟酸	1.90 克
碳水化合物	59.80 克	维生素 C	2.00 毫克
膳食纤维	1.70 克	维生素 E	1.60 毫克

食疗功效

1. 蚕豆中的蛋白质含量丰富，且不含胆固醇，可以预防心血管疾病。
2. 蚕豆中的维生素 C 可以延缓动脉硬化，蚕豆皮中的膳食纤维有降低胆固醇、促进肠蠕动的作用。
3. 现代人认为蚕豆也是抗癌食品之一，对预防肠癌有一定功效。

适宜人群

一般人群均可食用。

老人、考试期间学生、脑力工作者、高胆固醇者、便秘者可以多食用；中焦虚寒者不宜食用；曾对蚕豆过敏者一定不要再吃；有遗传性血红细胞缺陷症者，患有痔疮出血、消化不良、慢性结肠炎、尿毒症等病人不宜进食蚕豆；患有蚕豆病的儿童绝不可进食蚕豆。

烹饪技巧

蚕豆去壳：将干蚕豆放入陶瓷或搪瓷器皿内，加入适量的碱，倒上开水闷 1 分钟，即可将蚕豆皮剥去，但去皮的蚕豆要用水冲除其碱味。

鲜花椒蚕豆

TIME 15分钟

菜品特点
麻辣爽口
开胃下饭

主料： 蚕豆300克，猪瘦肉50克，鲜花椒25克

配料： 葱花、酱油、精盐各适量

视觉享受：★★★
味觉享受：★★★
操作难度：★

操作步骤

①将猪瘦肉洗净，切片，在热水中煮熟捞出备用；蚕豆剥皮洗净备用；将鲜花椒焯水备用。

②将蚕豆放入锅内，加两碗水漫过蚕豆，加入酱油、鲜花椒、瘦肉片。

③加入适量的精盐，等锅内水分变干后，撒上葱花即成。

操作要领

水分变干后再焖一会可以更入味。

视觉享受：★★ 味觉享受：★★★★ 操作难度：★

肉焖蚕豆瓣

TIME 15分钟

菜品特点：香脆可口 营养丰富

主料： 瘦肉300克，蚕豆200克

配料： 精盐、料酒、植物油、胡椒粉、鲜汤、味精、水淀粉各适量

操作步骤

①蚕豆去皮洗净备用；瘦肉洗净，切成片备用。

②炒锅中倒入植物油加热，将肉片炒松散，放入蚕豆炒1分钟，加入鲜汤、胡椒粉、味精、料酒，加盖焖约5分钟，淋入水淀粉芡汁，加精盐调味即成。

操作要领

蚕豆不熟伤脾胃，一定要煮透、煮熟。

主料： 蚕豆300克

配料： 精盐、枸杞各适量

操作步骤

①蚕豆剥皮洗净放入锅中，锅中加水，用旺火煮4分钟。

②加入精盐、枸杞，加盖旺火煮3分钟即成。

操作要领

新鲜蚕豆很容易煮熟，不需要煮太长时间。

视觉享受：★★★ 味觉享受：★★★ 操作难度：★

盐水蚕豆

TIME 10分钟

菜品特点：口感清爽 闲时小食

豆苗

挑选与储存

挑选时要注意其叶清香、质柔嫩者为上品。

性味

性平，味甘，无毒。

营养成分

营养素	含量 /100 克	营养素	含量 /100 克
维生素 C	67.00 毫克	热量	81.00 千卡
蛋白质	5.42 克	脂肪	0.40 克
碳水化合物	14.45 克	纤维	5.10 克
糖	5.67 克	钙	25.00 毫克
铁	1.47 毫克	镁	33.00 毫克
钠	9.40 毫克	锌	3.81 毫克

食疗功效

1. 豆苗中富含人体所需的各种营养物质，尤其是含有优质蛋白质，可以提高机体的抗病能力和康复能力。

2. 豆苗中富含胡萝卜素，食用后可防止人体致癌物质的合成，从而减少癌细胞的形成，降低人体癌症的发病率；豌豆荚和豆苗的嫩叶中富含维生素C和能分解体内亚硝胺的酶，可以分解亚硝胺，具有抗癌防癌的功效。

3. 豆苗中富含粗纤维，能促进大肠蠕动，保持大便通畅，起到清洁大肠的作用。

适宜人群

一般人群均可食用。

烹饪技巧

豆苗具有独特气味，无论作为主菜或配菜，都是十分美味可口的，如鲜菇扒豆苗、蟹肉扒豆苗、清炒豆苗等均是菜馆中的佳品。

豆苗滑炖鸡

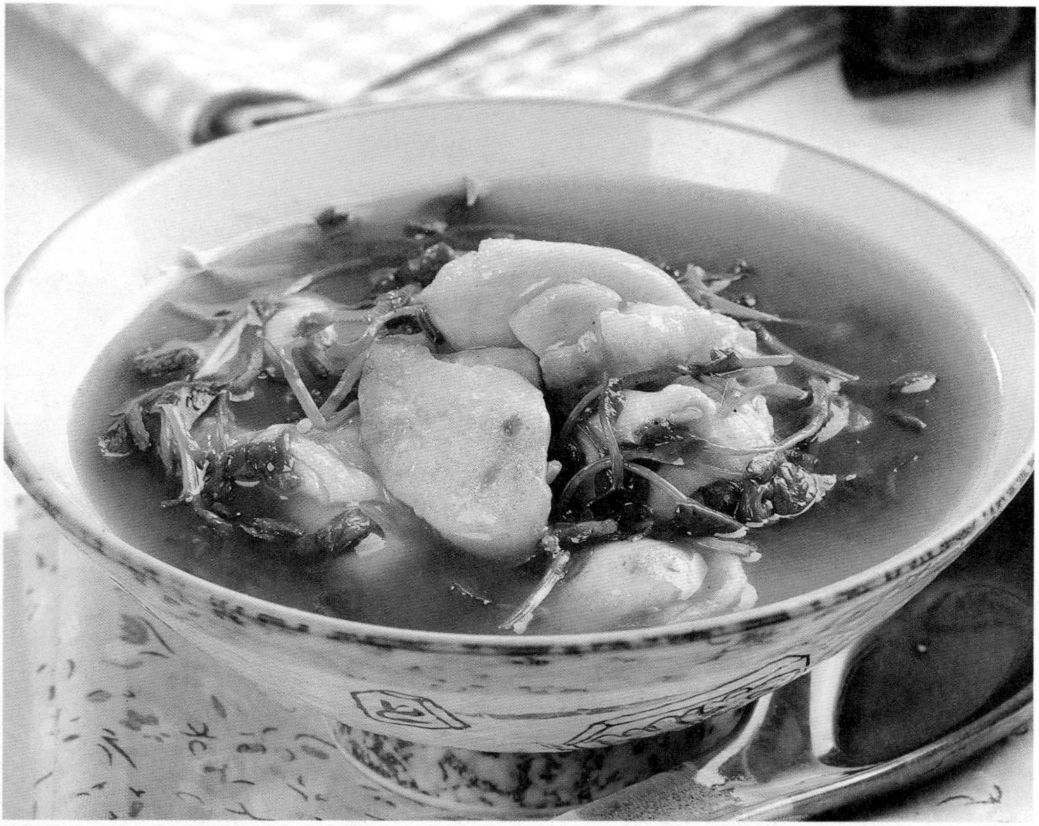

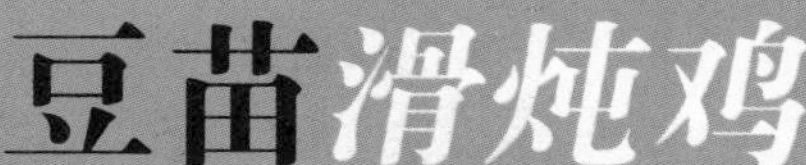

TIME 15分钟

菜品特点

酸甜微辣
口感滑嫩

主料： 鸡腿肉300克，豆苗150克

配料： 蒜末10克，红辣椒、植物油、精盐、白糖、味精、水淀粉、番茄酱各适量

视觉享受：★★
味觉享受：★★★★
操作难度：★★★

操作步骤

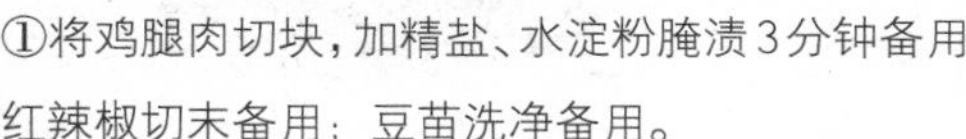

①将鸡腿肉切块，加精盐、水淀粉腌渍3分钟备用；红辣椒切末备用；豆苗洗净备用。

②锅中加植物油，待油热后将鸡肉倒入滑熟捞出。

③坐锅点火倒植物油，下蒜末爆香，加入红辣椒、番茄酱炒香，倒入开水，烧开后放入鸡肉，加白糖、精盐调味，小火炖5分钟，开盖后放入豆苗炖熟，放入味精出锅即成。

操作要领

鸡肉的腌渍需要特别留意，只有入味后的肉做出来才更美味。

视觉享受：★★ 味觉享受：★★★ 操作难度：★★

鸡油豆苗

TIME 20分钟

菜品特点：味道浓郁 微辣可口

主料： 豆苗300克，鸡油、木耳各50克

配料： 胡萝卜、火腿各50克，精盐、高汤、胡椒粉各适量

操作步骤

①豆苗去掉老叶老茎，洗净，沥干水备用；火腿切条备用；胡萝卜切条备用；木耳提前泡发，切碎备用。

②炒锅用中火预热，放入生鸡油，炒2分钟，至油渣变金黄色，铲出油渣，弃掉；下豆苗、火腿、胡萝卜、木耳，放入精盐调味，将火调至最大，快炒2~3分钟，倒入高汤，放胡椒粉即成。

操作要领

鸡油豆苗出锅后趁热食用味道最佳。

主料： 核桃仁、豆苗各适量

配料： 橄榄油、精盐、鸡粉各适量

操作步骤

①将核桃仁泡在温开水里去表皮，入锅煮5分钟去涩味；豆苗去根部、洗净备用。

②将核桃仁和豆苗放入容器中加橄榄油、精盐、鸡粉拌匀即成。

操作要领

核桃仁不去皮也可以，但吃起来口感有点涩。

视觉享受：★★★ 味觉享受：★★★ 操作难度：★★

核桃仁拌豆苗

TIME 10分钟

菜品特点：口味清凉 简单易做

花生

挑选与储存

储存花生米要提高花生米净度，清除杂质及没有发育成熟的秕果、病果和破伤的荚果。

性味

性平，味甘。

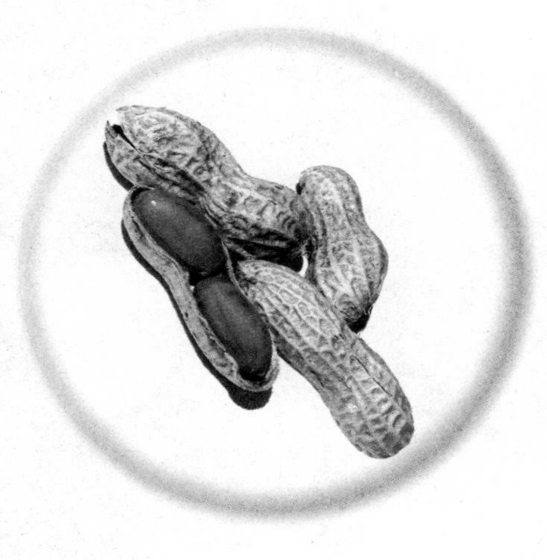

营养成分

营养素	含量 /100 克	营养素	含量 /100 克
热量	563.00 千卡	碳水化合物	211.70 克
脂肪	44.30 克	蛋白质	24.80 克
纤维素	5.50 克	维生素 A	5.00 微克
维生素 C	2.00 克	维生素 B	18.09 微克
膳食纤维	1.70 克	维生素 E	1.60 毫克

食疗功效

1. 经常吃花生米可增强记忆力、健脑和抗衰老。
2. 每日早晨漱口后，食花生油 2~4 汤勺，连服 1 周，可治疗胃疼、胃酸过多、胃及十二指肠溃疡。
3. 花生米富含高油脂，有润肠功效，在一定程度上能预防便秘，但是不能吃太多，吃得太多可致腹泻。

适宜人群

一般人均可食用。

有高黏血症、高凝血症的患者，不宜吃花生；有胆系疾病者亦宜少食。

烹饪技巧

花生的吃法很多，有五香花生、麻辣花生，甜的、咸的……味味俱全，非常可口，也可以当零食吃。

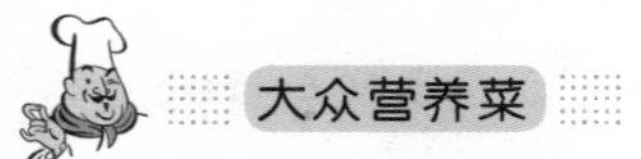

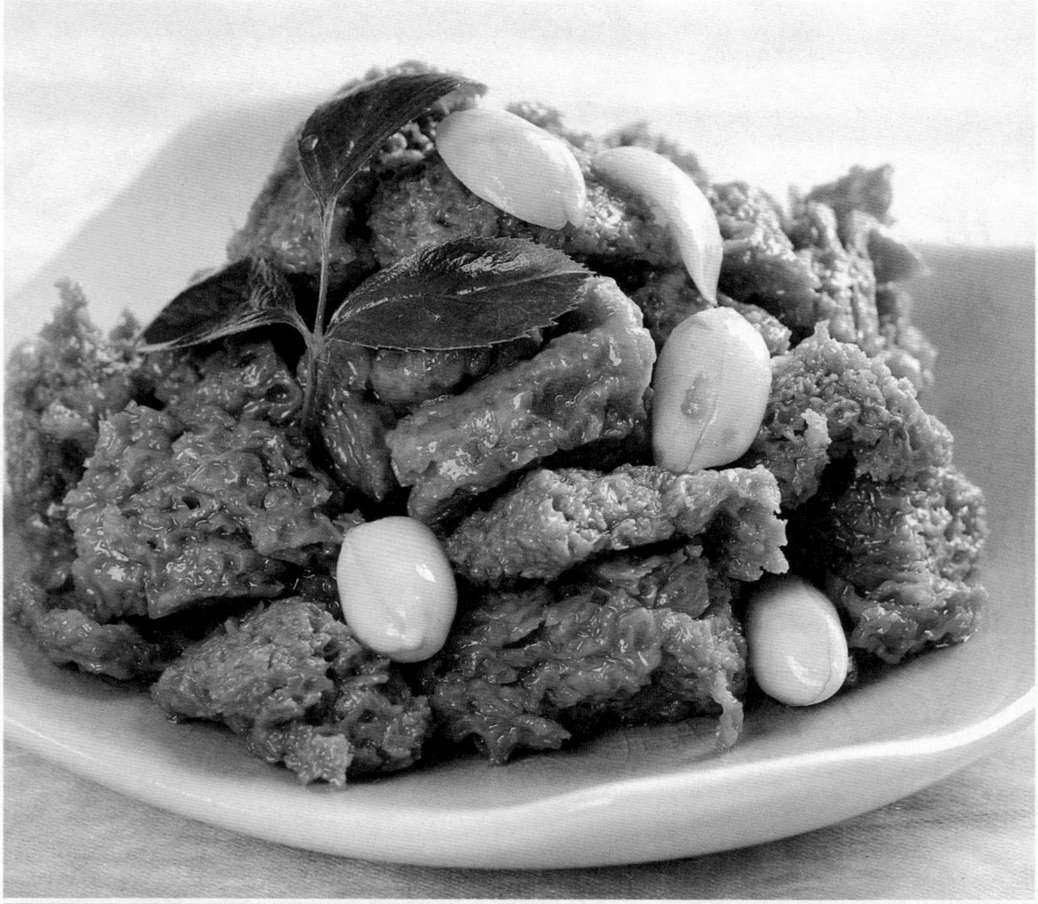

花生烤麸

TIME 10分钟

菜品特点

香滑多汁
美味佳品

主料： 烤麸100克，花生仁适量

配料： 油50克，盐10克，糖15克，老抽、味精各适量

视觉享受：★★
味觉享受：★★★
操作难度：★

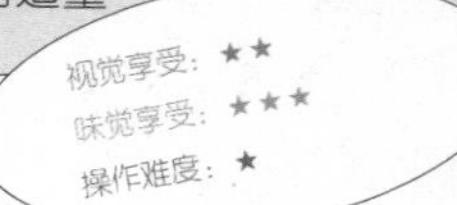

操作步骤

①烤麸过水去除酸味洗净；花生仁洗净煮熟去皮。

②起油锅加热，放入烤麸煸炒，加入适量的老抽、盐、糖。

③放入花生仁煸炒至水收干，放适量的味精翻炒均匀即可。

操作要领

烤麸放糖后要小火把水收干。

视觉享受：★★ 味觉享受：★★★★ 操作难度：★★★

茶络花生米

TIME 25分钟

菜品特点

酥烂香甜

主料： 花生 500 克

配料： 冰糖 250 克，黄芩 200 克

操作步骤

①花生米用开水泡胀，去皮洗净后放到开水中，上笼蒸熟取出。

②黄芩切成小片放入碗里，倒入开水，上笼蒸溶化后用筛子过滤。

③另取锅，放入适量清水，放入冰糖烧开溶化，将花生米和黄芩汁一起倒入，烧开后撇去泡沫，装入小碗内即成。

操作要领

泡花生的时候最好使用开水。

视觉享受：★★ 味觉享受：★★★★ 操作难度：★★

花生牛排

TIME 15分钟

菜品特点

外酥里嫩 味道香美

主料： 牛里脊肉 200 克，花生 100 克

配料： 鸡蛋黄 100 克，精盐、胡椒粉各 2 克，料酒 5 克，面粉 10 克，味精 1 克，植物油 50 克

操作步骤

①牛里脊肉冲洗干净，先切成约 1 厘米的厚片，再改刀切成 0.5 厘米厚的长条，加精盐、味精拌匀入味。

②将花生剥皮后放入油锅内略炸，捞出沥油，凉后碾成细粒。

③把鸡蛋黄放入碗内，加入面粉、胡椒粉、料酒搅拌均匀做成蛋糊。

④锅中倒入植物油烧热，把牛肉挂上蛋糊，蘸上花生细粒，拍牢后放入油锅内，待炸至金黄色时捞出，切成长条块，码入盘中即成。

操作要领

切牛里脊肉的时候要顺着肉的纤维纹理切。

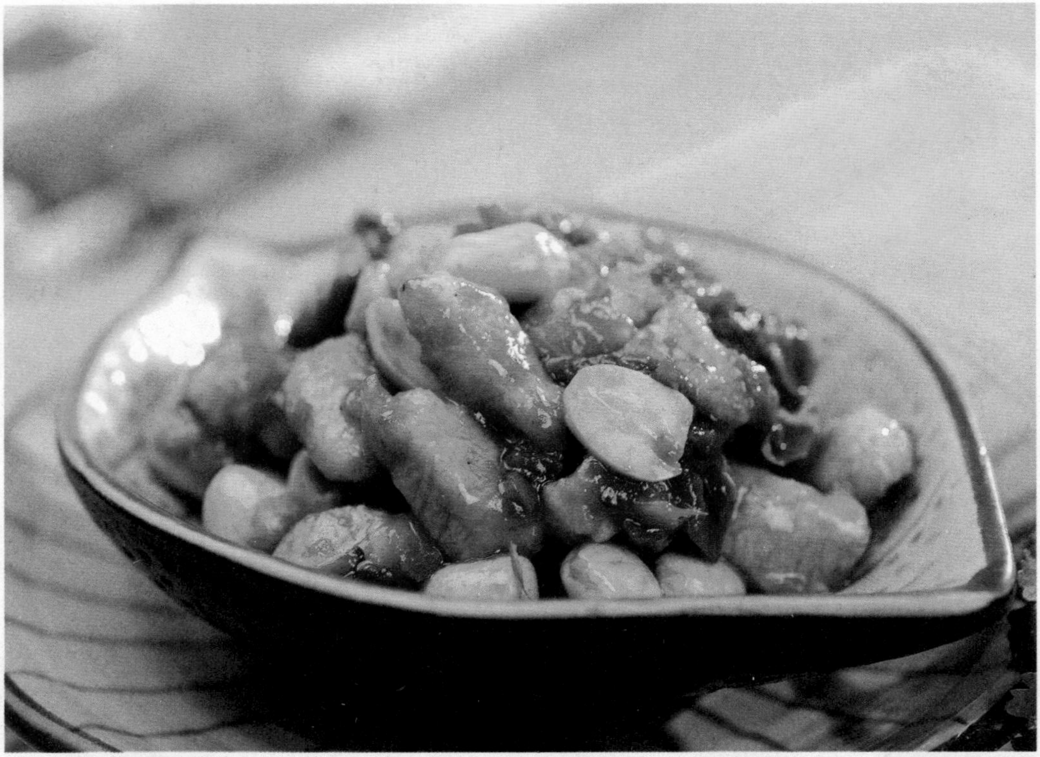

花生鸭丁

TIME 25分钟

菜品特点

香辣适口
口齿留香

主料： 鸭肉300克，炸花生米150克

配料： 红辣椒50克，植物油、淀粉、精盐、酱油、蒜、料酒、香油、白糖、醋各适量

视觉享受：★★★
味觉享受：★★★★
操作难度：★★

操作步骤

①鸭肉洗净，切成小丁，加入精盐、料酒、淀粉搅拌均匀后，腌渍5分钟；蒜切成末备用；红辣椒切碎备用。

②将蒜末、精盐、白糖、醋、酱油、清水、淀粉调成汁备用。

③锅烧热，倒入植物油，再添加少许香油，放入蒜末和红辣椒爆香。

④将鸭丁倒入锅中，翻炒至变色加入调味汁，开大火翻炒5分钟后加入花生米即成。

操作要领

清洗鸭肉时在水里加些白醋，可以去除鸭肉的腥味。

美味禽蛋类

鸡蛋

挑选与储存

蛋壳上附着一层霜状粉末、蛋壳颜色鲜亮、气孔明显的是鲜蛋。陈蛋正好与此相反，并有油腻。

性味

性平，味甘。

营养成分

营养素	含量 /100 克	营养素	含量 /100 克
蛋白质	12.80 克	脂肪	11.10 克
碳水化合物	1.30 克	叶酸	113.30 微克
胆固醇	1510.00 毫克	维生素 A	194.00 微克
硫胺素	0.13 毫克	核黄素	0.32 微克
钙	56.00 毫克	磷	130.00 毫克
钾	154.00 毫克	钠	131.50 毫克

食疗功效

1. 鸡蛋黄中的卵磷脂、甘油三酯、胆固醇和卵黄素，对神经系统和身体发育有很大的作用。卵磷脂被人体消化后，可释放出胆碱，胆碱可改善人的记忆力。

2. 鸡蛋中的蛋白质对肝脏组织损伤有修复作用。蛋黄中的卵磷脂可促进肝细胞的再生，还可提高人体血浆蛋白量，增强肌体的代谢功能和免疫功能。

3. 美国营养学家和医学工作者用鸡蛋来防治动脉粥样硬化，获得了出人意料的效果，他们从鸡蛋、核桃、猪肝中提取卵磷脂，每天给心血管病人吃4~6汤匙，3个月后，患者的血清胆固醇显著下降，获得满意效果。

适宜人群

一般人都适合。

尤其适宜婴幼儿、孕妇、产妇、病人食用。

烹饪技巧

鸡蛋吃法多种多样，就营养的吸收和消化率来讲，煮蛋为 100%，炒蛋为 97%，嫩炸为 98%，老炸为 81.1%，开水、牛奶冲蛋为 92.5%，生吃为 30%~50%。

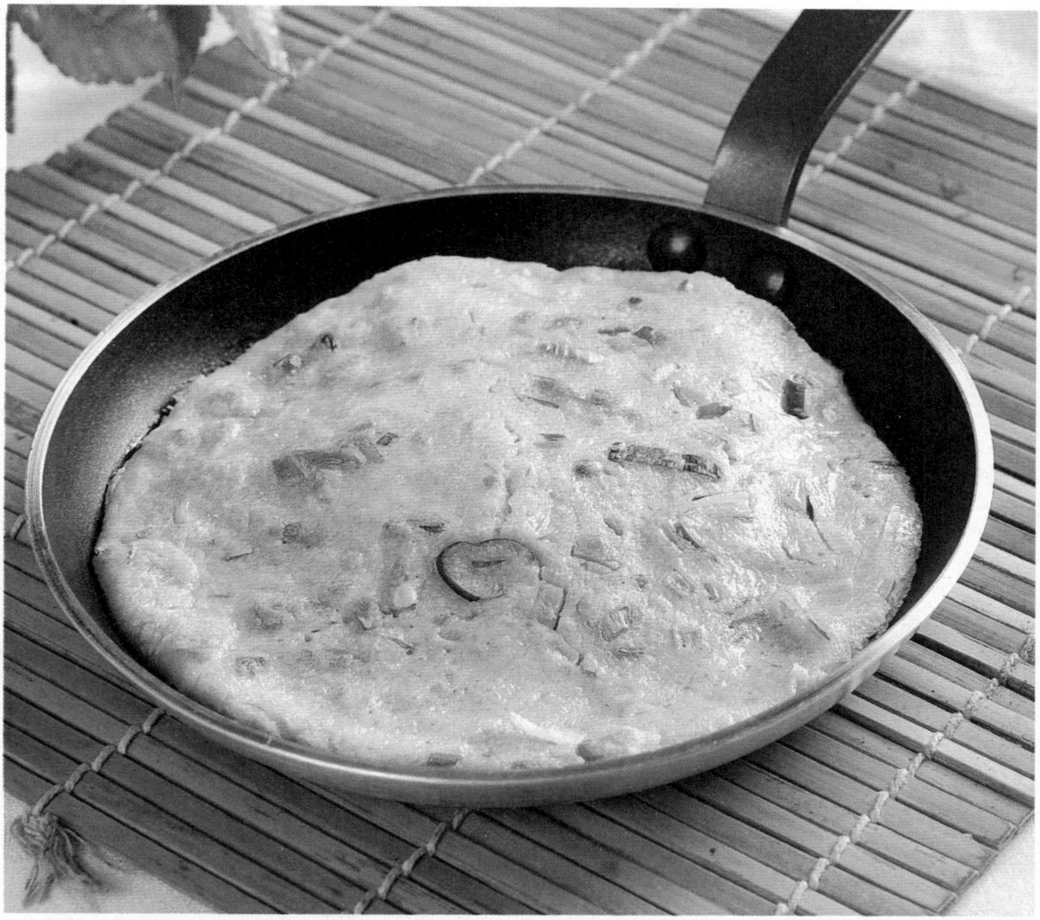

葱香鸡蛋软饼

TIME 30分钟

菜品特点
香气四溢
利于消化

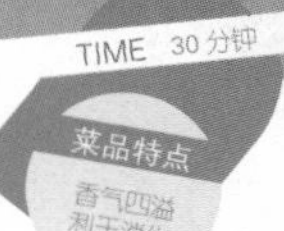

主料: 鸡蛋1个，面粉200克

配料: 葱花、精盐、植物油各适量

视觉享受：★★★
味觉享受：★★★
操作难度：★

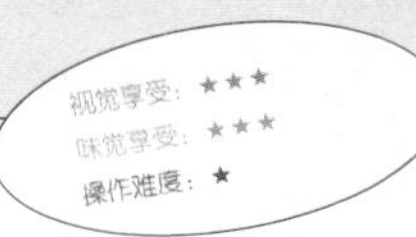

操作步骤

①在面粉中打一个鸡蛋，根据口味放入适量精盐拌匀，再慢慢加入适量水，使面成为流动的糊状，放入葱花，搅匀备用。

②平底锅中倒入少许植物油，倒入适量面糊摊成薄饼，两面煎黄后出锅。

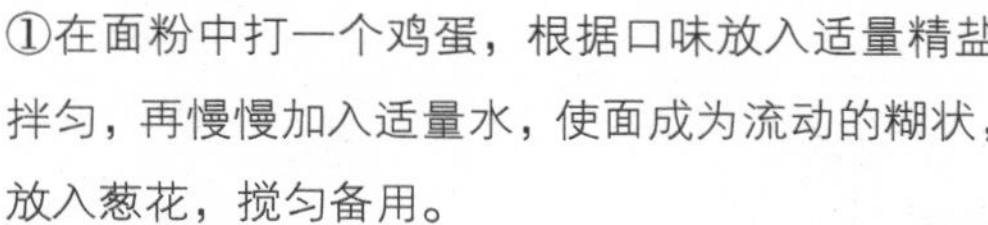

操作要领

面糊不要和得太稠，要不然摊饼的时候比较困难。

视觉享受：★★★ 味觉享受：★★★ 操作难度：★

豆腐蒸蛋

TIME 15分钟

菜品特点：柔软细腻 有利肠胃

主料： 鸡蛋3个，豆腐150克，火腿50克

配料： 精盐、味精各适量

操作步骤

①将豆腐洗净后压成茸，放入碗中，磕入鸡蛋搅散，再加入水、精盐、味精搅匀。

②火腿剁成碎末，撒在豆腐鸡蛋液上。

③将豆腐鸡蛋液上蒸笼蒸，用中火蒸10分钟取出即成。

操作要领

鸡蛋打散后注意搅匀。

视觉享受：★★★ 味觉享受：★★★ 操作难度：★

红枣枸杞蒸蛋

TIME 15分钟

菜品特点：清香扑鼻 利于操作

主料： 鸡蛋3个，豆腐150克，红枣、枸杞各50克

配料： 精盐、味精各适量

操作步骤

①红枣和枸杞用水泡开，洗净、沥干水分备用。

②将豆腐洗净后压成茸，放入碗中，磕入鸡蛋搅散，再加入水、精盐、味精搅匀；把红枣和枸杞放入其中。

③将盛豆腐鸡蛋液的碗放入蒸笼中，用中火蒸10分钟取出即成。

操作要领

红枣、枸杞用冷水泡开。

鹌鹑蛋

挑选与储存

鹌鹑蛋的外壳为灰白色，还有红褐色和紫褐色的斑纹。优质的鹌鹑蛋色泽鲜艳、壳硬，蛋黄呈深黄色，蛋白黏稠。

性味

性平，味甘。

营养成分

营养素	含量/100克	营养素	含量/100克
蛋白质	12.80克	脂肪	11.10克
碳水化合物	2.10克	维生素A	337.00微克
硫胺素	0.11克	核黄素	0.49克
维生素E	3.08克	钾	138.00毫克
钠	106.60毫克	镁	11.00毫克
锰	0.04毫克	锌	1.61毫克

食疗功效

1. 鹌鹑蛋可辅助治疗浮肿、肥胖型高血压、糖尿病、贫血、肝大、肝硬化、腹水等多种疾病。
2. 鹌鹑蛋中所含的卵磷脂和脑磷脂，比鸡蛋中含有的成分更易被吸收利用，一般3个鹌鹑蛋的营养含量相当于1个鸡蛋。
3. 鹌鹑蛋还含有能降血压的芦丁、来岂丁等物质，是心血管疾病患者的理想滋补品。

适宜人群

一般人均可食用。

适宜婴幼儿、孕产妇、老人、病人及身体虚弱的人食用。

神经衰弱、失眠多梦者早晚各吃2个鹌鹑蛋，常食有效。

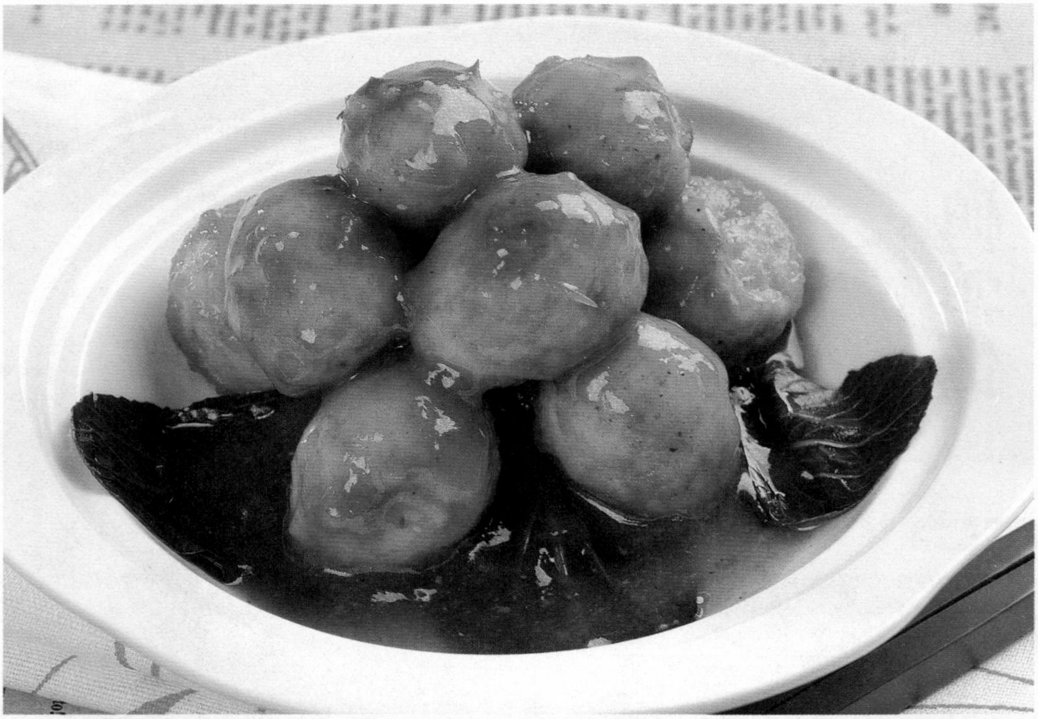

香辣虎皮鹌鹑蛋

TIME 30分钟

菜品特点
咸甜适中
细嫩糯滑

主料： 鹌鹑蛋10个，油菜少许

配料： 植物油300克，黄酒、酱油、白糖、淀粉、细精盐、辣椒酱、鲜汤、味精各适量

视觉享受：★★★
味觉享受：★★★
操作难度：★★

操作步骤

①将鹌鹑蛋放在冷水锅中，用中火煮沸，转用小火焐熟，乘热捞入冷水中激凉，剥去蛋壳，将淀粉撒到鹌鹑蛋上，使鹌鹑蛋表面沾满淀粉；淀粉加水做成水淀粉备用；油菜洗净，放沸水中焯熟，铺在盘底。

②锅中放植物油，烧至七、八成热时，放鹌鹑蛋，用大火炸，炸到蛋的表面变成金黄色、表面皱起时，捞出沥油。

③锅中留底油，将炸好的鹌鹑蛋放入锅内，加黄酒、酱油、辣椒酱、白糖、鲜汤、味精、细盐，烧沸后，转用小火焖烧15分钟，下水淀粉勾芡，将其全部倒入铺好油菜的盘中即成。

操作要领

煮熟的鹌鹑蛋乘热捞入冷水中激凉，使蛋肉收缩脱壳，再剥蛋壳就容易得多了。

视觉享受：★★★　味觉享受：★★★　操作难度：★

湘辣晶莹鹌鹑蛋

TIME 20分钟

菜品特点：香辣可口　易于操作

主料： 鹌鹑蛋4个，大米发糕100克

配料： 红辣椒、青辣椒各20克，植物油、精盐、味精、红油、葱花、淀粉各适量

操作步骤

①将鹌鹑蛋洗净煮熟，剥皮后对半切开备用；大米发糕切成长方形的薄片，摆放在盘子中央；红辣椒和青辣椒洗净后去籽，切成三角形的片，沿着发糕的边缘摆放一圈。

②鹌鹑蛋分两边整齐地摆在大米发糕上。

③锅中放适量植物油烧热，加入精盐、味精、淀粉、水，做成汤汁，烧开后浇在摆好的鹌鹑蛋上。

④把红油浇在一侧的鹌鹑蛋上，在另外一侧鹌鹑蛋上撒葱花即成。

操作要领

红油的量可以按照个人口味进行添加。

主料： 胡萝卜500克，鹌鹑蛋2个，玉米笋200克

配料： 植物油150克，水淀粉、姜片各10克，精盐35克，味精、料酒各2克，胡椒面1克，葱段20克，清汤适量

操作步骤

①将胡萝卜洗净削皮，切成2厘米长的段，削成算盘珠形，开水烫熟，清水泡凉；鹌鹑蛋煮熟去皮；玉米笋洗净后切成长短相同的段备用。

②锅中倒植物油，加热后下姜片、葱段爆香，加清汤稍煮，捞出姜片、葱段，放入玉米笋、胡萝卜，加精盐、料酒、味精、胡椒面调味，烧透入味，捞出玉米笋、胡萝卜；玉米笋摆在圆盘边周围，胡萝卜摆在盘中央呈塔形；鹌鹑蛋切成两半，摆在胡萝卜周围。

③锅内的汤汁用水淀粉勾芡，浇在盘内即成。

操作要领

芡汁一定要清，才能突出红、白、黄三色。

视觉享受：★★★　味觉享受：★★★　操作难度：★

红珠鹌鹑蛋

TIME 20分钟

菜品特点：清香扑鼻　利于操作

皮蛋

挑选与储存

选购皮蛋简单易行的办法是：一掂、二摇、三看壳、四品尝。

性味

味辛、涩、甘、咸。

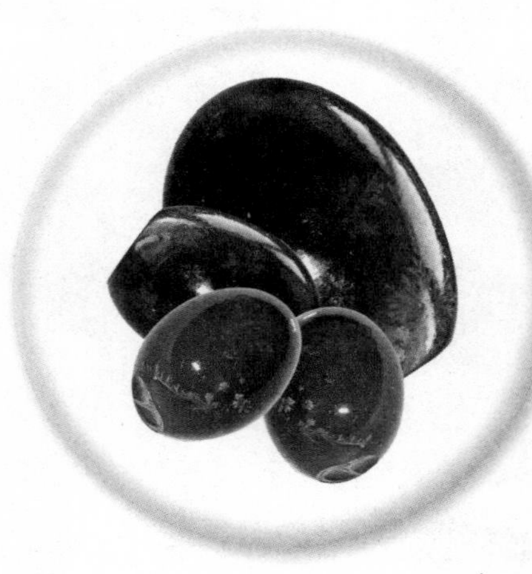

营养成分

营养素	含量 /100 克	营养素	含量 /100 克
热量	171.00 千卡	维生素 E	3.05 毫克
蛋白质	14.20 克	钙	63.00 微克
脂肪	10.70 克	磷	165.00 微克
碳水化合物	4.50 克	钾	152.00 微克
叶酸	13.40 微克	钠	542.70 毫克
胆固醇	608.00 毫克	碘	6.80 微克

食疗功效

1. 皮蛋较鸭蛋矿物质含量更高，脂肪和总热量却稍有下降，它能刺激消化器官，增进食欲，促进营养的消化吸收，中和胃酸，具有清凉、降压的功效。

2. 皮蛋具有润肺、养阴止血、凉肠、止泻、降压的功效。

3. 皮蛋还可以保护血管，同时还有保护大脑的功效。

适宜人群

脾阳不足、寒湿下痢、心血管病、肝肾疾病患者少食。

烹饪技巧

去壳方法：皮蛋只需将蛋的大头剥去壳，在小的一头敲一个小孔，然后用嘴往小孔内吹气，蛋壳会自然脱落。

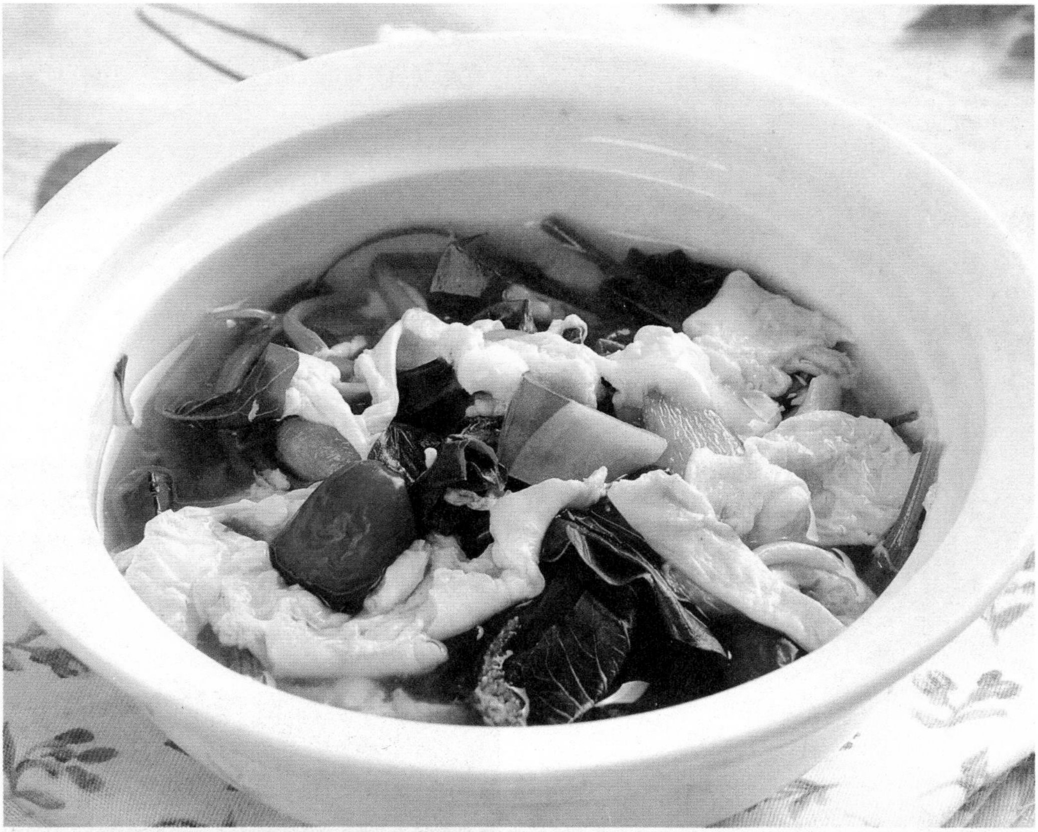

红枣皮蛋煮苋菜

TIME 20分钟

菜品特点

香气四溢 补血养身

主料： 皮蛋3个，鸡蛋1个，苋菜、红枣各100克

配料： 植物油100克，蒜、精盐、鸡精各适量

视觉享受：★★★

味觉享受：★★★

操作难度：★

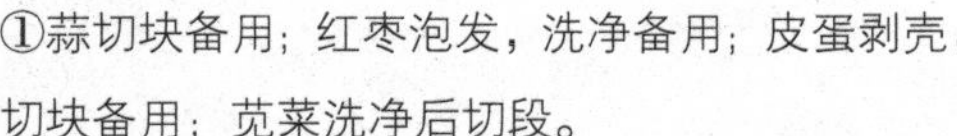

操作步骤

①蒜切块备用；红枣泡发，洗净备用；皮蛋剥壳，切块备用；苋菜洗净后切段。

②净锅内倒植物油，加热后下蒜块爆香，放入皮蛋块过一下油，加水烧开。

③稍熬一小会儿，待汤显出白色的时候下苋菜、红枣，磕入鸡蛋搅散，煮几分钟。

④放入精盐、鸡精调味即成。

操作要领

煮苋菜的时候用文火。

视觉享受：★★★　味觉享受：★★★　操作难度：★

皮蛋煮苋菜

TIME　20分钟

菜品特点：滑而不腻　易于操作

主料： 皮蛋2个，苋菜100克，火腿50克

配料： 植物油100克，蒜、精盐、鸡精各适量

操作步骤

①皮蛋剥壳，切成块；蒜剥皮洗净备用；苋菜洗净后切段；火腿切丁备用。

②锅中加植物油，加热后倒入蒜爆香，下皮蛋略炒，加水烧开。

③稍熬一小会儿，待汤显出白色的时候下苋菜、火腿丁，减小火力煮几分钟。

④放入精盐、鸡精调味即成。

操作要领

因为蒜不切片，因此爆香的时候可以多炸一会儿。

主料： 香菜100克，皮蛋2个

配料： 高汤、精盐、鸡精、红油各适量

操作步骤

①香菜洗净，切段备用；皮蛋剥壳，切块备用。

②将皮蛋加入高汤中，煮沸后改用小火。

③在锅中加入红油、精盐、鸡精调味，继续煮15分钟，放入香菜即成。

操作要领

高汤煮沸后要换成小火继续熬煮。

视觉享受：★★★　味觉享受：★★★　操作难度：★★

香菜皮蛋锅

TIME　20分钟

鸭蛋

挑选与储存

选购时，握住鸭蛋左右摇晃，不发出声音的就是好的鸭蛋。

性味

性凉，味甘、咸。

营养成分

营养素	含量 /100 克	营养素	含量 /100 克
热量	180.00 千卡	脂肪	13.00 克
蛋白质	12.60 克	碳水化合物	3.10 克
叶酸	125.40 克	胆固醇	565.00 毫克
维生素 A	261.00 微克	硫胺素	0.17 毫克
核黄素	0.35 毫克	烟酸	0.20 毫克
维生素 E	4.98 毫克	钙	62.00 毫克

食疗功效

1. 有大补虚劳、滋阴养血、润肺美肤等功效。
2. 鸭蛋里各种矿物质的总量超过鸡蛋很多，特别是身体中迫切需要的铁及钙在鸭蛋中更是丰富。

适宜人群

一般人群均可食用。

适于病后体虚、燥热咳嗽、咽干喉痛、高血压、腹泻痢疾等病患者食用。脾阳不足、寒湿下痢以及食后气滞脾闷者忌食。

烹饪技巧

鸭蛋不宜与鳖鱼、李子、桑葚同食。

鸭蛋瘦肉汤

主料： 瘦肉 50 克，鸭蛋 2 个

配料： 姜、葱、芹菜、精盐、味精、胡椒粉、香油、高汤各适量

操作步骤

①将瘦肉洗净，切片；鸭蛋磕入碗中搅匀，冲成蛋羹；姜洗净后切片；芹菜切丁备用；葱切末。

②锅中倒入高汤，开大火，放入瘦肉，肉熟后倒入鸭蛋羹，然后加精盐、姜片、味精、胡椒粉、香油、芹菜熬煮，开锅后撒葱末即成。

操作要领

做蛋羹时要注意从碗边缓缓注入开水，这样冲出来的蛋羹蛋花较大。

主料： 圆白菜叶 150 克，咸鸭蛋黄 4 个

配料： 精盐适量

操作步骤

①锅中加开水，烧热后放入圆白菜叶，加少许精盐焖 2 分钟，取出沥干水分。

②圆白菜叶略修整成方形，每张中卷入 2 个蛋黄，略压扁。

③卷好的菜卷放入盘中，入蒸锅蒸 3 分钟，取出晾凉，食用时切段摆盘即成。

操作要领

咸鸭蛋黄本身就是咸的，所以在焖菜叶时一定要少放精盐。

视觉享受：★★★ 味觉享受：★★★ 操作难度：★★

蛋黄菜卷

TIME 15 分钟

鸭肠

挑选与储存

如果鸭肠色泽变暗，呈淡绿色或灰绿色，组织软，无韧性，黏液少且异味重，说明质量欠佳，不宜选购。

性味

性寒，味甘，无毒。

营养成分

营养素	含量 /100 克	营养素	含量 /100 克
热量	129.00 千卡	碳水化合物	0.40 克
脂肪	7.80 克	蛋白质	14.20 克
维生素 A	16.00 微克	硫胺素	0.22 毫克
烟酸	3.10 毫克	胆固醇	187.00 微克
镁	13.00 毫克	钙	31.00 毫克

食疗功效

1. 鸭肠对人体新陈代谢、神经、心脏、消化和视觉系统都有良好的保健功效。
2. 鸭肠内富含蛋白质，可提高人体免疫力。

适宜人群

一般人群均可食用。

烹饪技巧

鲜鸭肠不宜长时间保鲜，家庭中如果暂时食用不完，可将剩余的鲜鸭肠收拾干净，放入清水锅内煮熟，取出用冷水过凉，再擦净表面水分，用保鲜袋包裹成小包装，直接冷藏，一般可保鲜 3~5 天不变质。

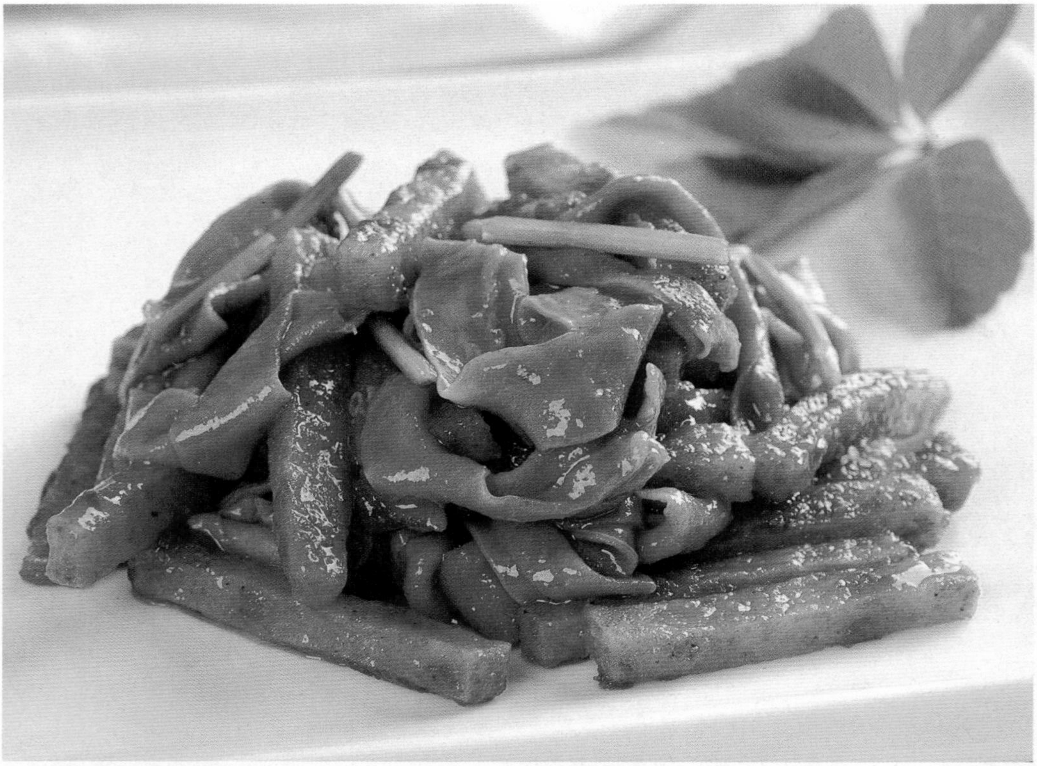

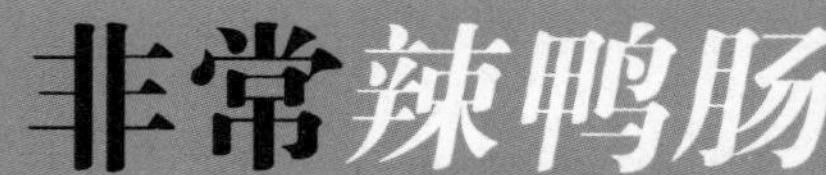

非常辣鸭肠

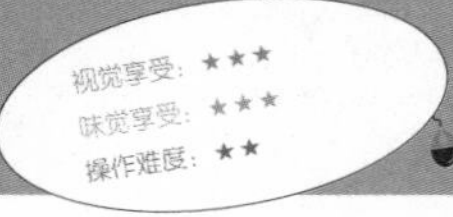

TIME 20分钟

视觉享受：★★★
味觉享受：★★★
操作难度：★★

菜品特点
味道麻辣
脆嫩鲜香

主料： 鸭肠500克

配料： 土豆100克，红油辣椒酱、酱油、湿淀粉、料酒、姜、蒜、葱、精盐、醋、胡椒粉、香芹、植物油、花椒各适量

操作步骤

①将鸭肠清洗干净，用旺火烧开水，把鸭肠迅速烫透，捞出散开晾凉，再切成长段。

②香芹切成段，然后用热水焯熟备用；葱、姜、蒜切末备用；土豆切条，入热油炸至金黄色捞出备用。

③用酱油、湿淀粉、料酒、醋、精盐、胡椒粉兑成调味汁。

④锅中加植物油烧热，放花椒炸煳后捞出弃掉，然后下鸭肠、土豆条翻炒，用葱、姜、蒜、红油辣椒酱调味，并将兑好的调味汁倒入。

⑤炒熟后，将鸭肠和土豆条装盘，用香芹点缀即成。

操作要领

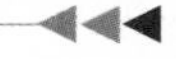

新鲜鸭肠可以用精盐和醋去腥后用冷水洗净。

视觉享受：★★★ 味觉享受：★★★ 操作难度：★★

椒丝炒鸭肠

TIME 25分钟

菜品特点 色彩丰富 油红润亮

主料： 鸭肠300克，青椒丝120克

配料： 香油6克，精盐6克，料酒15克，酱油、醋、植物油各适量，味精少许

操作步骤

①把鸭肠处理干净，放在汤水锅中略焯，当鸭肠稍卷时浸入凉水中。

②等鸭肠泡凉后，捞出切成长段，然后再放入汤水锅中略焯，沥净水分备用。

③在锅中加适量植物油，油热后倒入鸭肠翻炒，用料酒、精盐、酱油、醋、味精调味，鸭肠快熟时，倒入青椒丝翻炒，炒熟后装盘点上香油即成。

操作要领

鸭肠焯水可以除去部分腥味。

主料： 鸭肠500克，豆芽150克

配料： 植物油50克，红辣椒50克，酱油、红油、精盐、鲜花椒、蒜末各适量

操作步骤

①将鸭肠清洗干净，切成长段备用。

②豆芽清洗干净，去除头尾，入沸水锅中略焯，捞出沥干水分备用；把红辣椒切丝备用。

③炒锅倒植物油加热，把蒜末倒入锅中爆香；然后将鸭肠、豆芽、红辣椒、鲜花椒倒入翻炒，加入酱油、红油、精盐调味即成。

操作要领

鸭肠需要反复流水清洗才能洗干净。

视觉享受：★★★ 味觉享受：★★★ 操作难度：★★

银牙鸭肠

TIME 25分钟

菜品特点 香辣可口 操作简单

鸡肉

挑选与储存

一般来说，新鲜卫生的鸡肉块大小不会相差特别大，颜色是白里透着红，看起来有亮度，手感比较光滑。

性味

性温，味甘。

营养成分

营养素	含量 /100 克	营养素	含量 /100 克
蛋白质	21.50 克	热量	111.00 千卡
脂肪	2.50 克	糖	0.70 克
钙	11.00 毫克	磷	190.00 毫克
硫胺素	0.03 毫克	核黄素	0.09 毫克
尼克酸	8.00 毫克	铁	1.50 毫克

食疗功效

1. 用于治疗虚劳瘦弱、中虚食少、泄泻、头晕心悸、月经不调、产后乳少、消渴、水肿、小便数频、遗精、耳聋耳鸣等症。
2. 常吃鸡肉可增强肝脏的解毒功能，提高免疫力，防止感冒和坏血病。

适宜人群

一般人均可食用。

老人、病人、体弱者更宜食用。感冒发热、肥胖症、高血压、血脂偏高、胆囊炎、胆石症患者忌食。

烹饪技巧

先把姜切成末，放入鸡肉中腌 10 分钟，可去除鸡肉中的怪味。

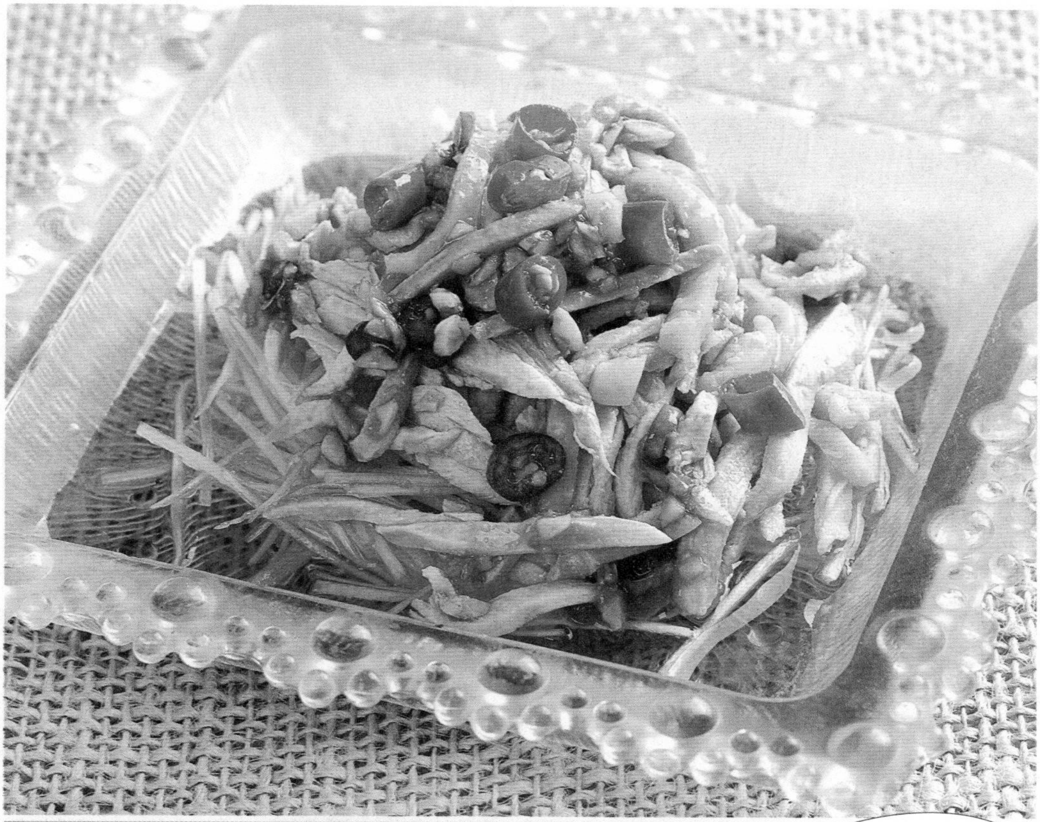

红油鸡丝

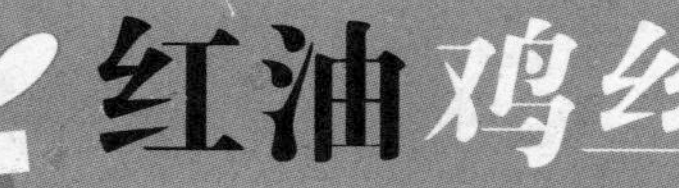

TIME 60分钟

视觉享受：★★★
味觉享受：★★★★
操作难度：★★

菜品特点
香辣味鲜
口味醇厚

主料： 鸡腿200克

配料： 大葱、大蒜各5克，红油10克，盐3克，味精少许，青尖椒、红尖椒各20克，酱油适量

操作步骤

①鸡腿放入锅中煮熟，在原汤内浸泡30分钟，取出晾凉后切成丝。

②蒜去皮切成蒜末；葱切成细丝；青尖椒与红尖椒切成段备用。

③将盐、味精、酱油、红油、青尖椒、红尖椒、蒜末放入碗中，兑成汁。

④将葱丝放入盘底，上面放上鸡丝，将兑好的调味汁淋在鸡丝上，拌匀即可。

操作要领

葱要用葱白，这样令整道菜的色、香、味都更胜一筹。

视觉享受：★★★ 味觉享受：★★★ 操作难度：★★

干锅鸡翅

TIME 40分钟

菜品特点：麻辣鲜香 好吃不腻

主料： 鸡翅500克，宽粉条、木耳、香菇各100克

配料： 油、青辣椒、红椒、芹菜各20克，蒜、精盐、老抽、糖、鸡精、蚝油、豆瓣酱各适量

操作步骤

①芹菜洗净切段焯水备用；蒜切末，红椒切末备用；青辣椒切条块备用；宽粉条泡发备用；木耳泡发撕成小块备用；香菇泡发备用。

②鸡翅洗净焯水，沥干后，入油锅炸至外皮金黄。

③取一个空碗，放入老抽、糖、鸡精、蚝油，将炸好的鸡翅浸入其中腌渍。

④锅内重新放少许油，下豆瓣酱炒出红油，下腌好沥干水分的鸡翅、宽粉条、木耳、青辣椒、香菇煸炒，用蒜末、精盐、红椒末调味，关火放入芹菜段即成。

操作要领

鸡翅腌渍的时间以10分钟为宜。

主料： 鸡脯肉300克

配料： 蒜5克，奶油30克，精盐、黑椒粉各3克，生抽、白酒各10克

操作步骤

①先将鸡脯肉洗净，用刀背交叉拍松，再用精盐、黑椒粉、生抽、白酒腌渍；蒜切块备用。

②锅加热，放入奶油，加热至熔解，再放入鸡胸肉和蒜块，用中火翻炒至两面都呈现出金黄色捞出装盘，即成。

操作要领

鸡脯肉腌渍时间最好在30分钟左右。

视觉享受：★★★ 味觉享受：★★★ 操作难度：★★

黑椒鸡脯

TIME 45分钟

菜品特点：香嫩多汁 易于操作

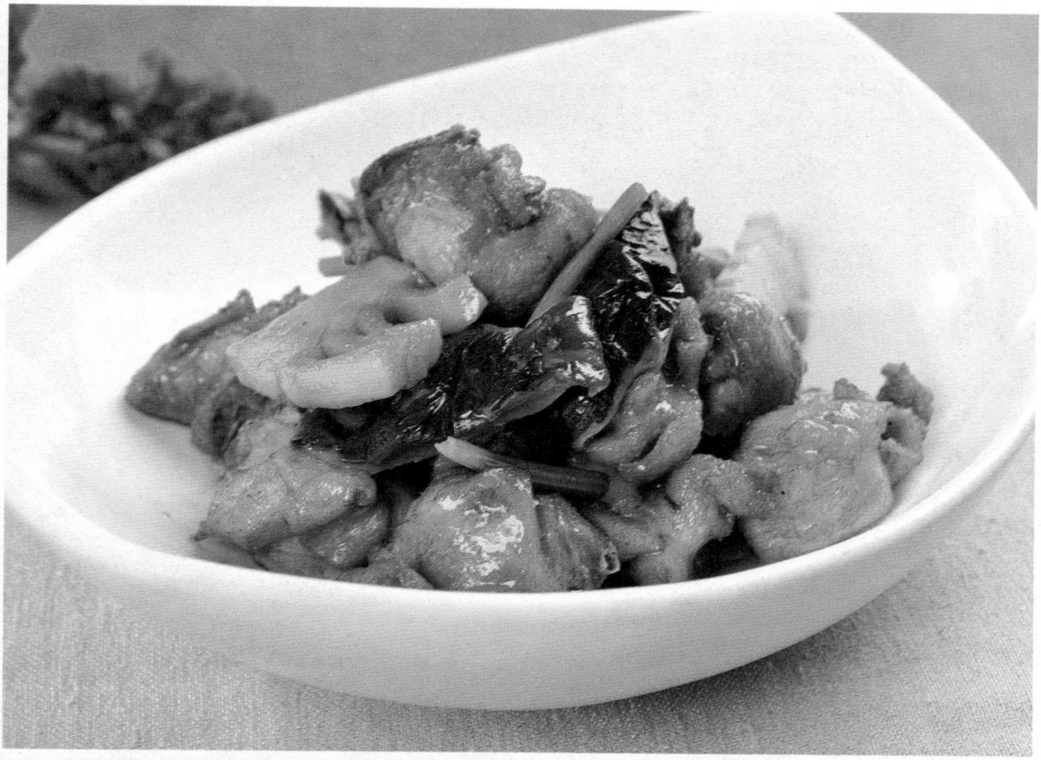

黄焖鸡块

TIME 30 分钟

菜品特点
鲜美可口
制作简单

主料： 鸡肉 300 克

配料： 冬笋、香菇各 100 克，香芹 50 克，蒜 10 克，精盐、白糖各 10 克，黄酒、酱油各 30 克，植物油 35 克，白汤 200 克

视觉享受：★★★
味觉享受：★★★
操作难度：★★

操作步骤

①鸡肉放到沸水中汆 2 分钟，捞出，冷却后切成小块备用；冬笋洗净削皮切片备用；香芹洗净后切段备用；香菇去蒂后切成小块备用；蒜切末备用。

②将炒锅置旺火上烧热，放入植物油，放入蒜末爆香，下入鸡块、香菇、冬笋，用精盐、酱油、白糖调味，然后加入黄酒、白汤，煮沸后移至微火上，炖至汤汁稠浓时盛入盘中。

③香芹放入沸水锅中，焯熟，捞出，沥干水分，放入盘内即成。

操作要领

鸡肉烧制的时间不宜太长。

鸭肉

挑选与储存

挑选鸭肉应该看是否新鲜，是否有变质现象，若有包装要看包装是否完好，是否有厂名、厂址等。

性味

性微凉，味甘、咸。

营养成分

营养素	含量/100克	营养素	含量/100克
蛋白质	15.50克	脂肪	19.70克
碳水化合物	0.20克	泛酸	1.13毫克
胆固醇	94.00毫克	核黄素	0.22毫克
尼克酸	4.20毫克	维生素E	0.27毫克
硫胺素	0.08毫克	维生素A	52.00毫克
钠	69.00毫克	钾	191.00毫克
钙	6.00毫克	镁	14.00毫克

食疗功效

1. 鸭肉所含B族维生素和维生素E较其他肉类多，能有效抵抗脚气病、神经炎和多种炎症，还能抗衰老。

2. 鸭肉中含有较为丰富的烟酸，它是构成人体内两种重要辅酶的成分之一，对心肌梗死等心脏疾病有治疗作用。

适宜人群

适用于体内有热、上火的人食用。发低热、体质虚弱、食欲不振、大便干燥和水肿的人食之更佳。

烹饪技巧

鸭肉较腥，烹饪前一定要用水焯一遍。同时，应将鸭屁股切除不用。

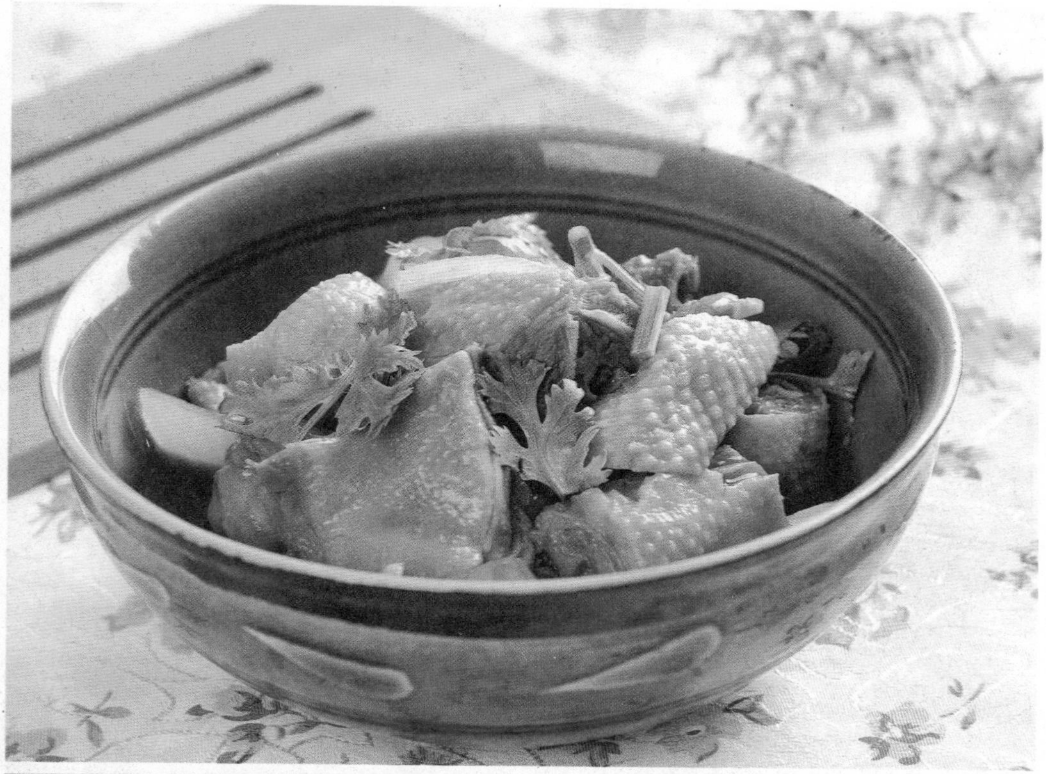

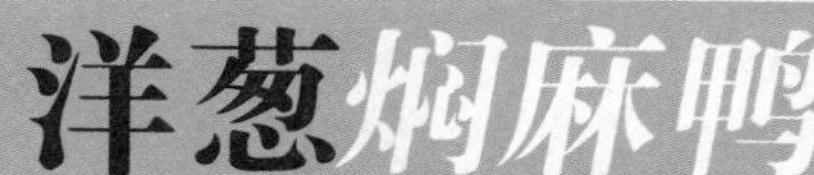

洋葱焖麻鸭

TIME 50分钟

视觉享受：★★★
味觉享受：★★★★
操作难度：★★★

菜品特点
香味四溢
有利健康

主料： 鸭肉300克，洋葱20克

配料： 植物油100克，葱、姜各10克，冰糖10克，料酒、酱油、精盐各适量，香菜少许

操作步骤

①葱和姜切末备用；鸭肉清理干净，切大块备用；香菜切碎备用；洋葱切块备用。

②大火烧开水，放入鸭肉汆烫5分钟，取出鸭块沥干水分。

③在炒锅中倒植物油，大火热油至六成热，投入葱、姜煸炒出香味，放入鸭块煸炒2分钟，烹入料酒、酱油，加入洋葱，翻炒均匀，然后注入热水，加盖烧开，调成中火焖煮10分钟。

④调入冰糖和精盐，用大火把汤汁收浓，鸭肉焖熟后出锅，加香菜点缀即成。

操作要领

清理鸭肉的时候要特别注意清洗干净血水。

视觉享受：★★★ 味觉享受：★★★★ 操作难度：★★★

虫草炖野鸭

TIME 200分钟

菜品特点 补肾益阴 好吃健康

主料： 野鸭500克，冬虫夏草10克

配料： 高汤500克，姜、葱、精盐、料酒各适量

操作步骤

①把野鸭烫毛，去内脏和血沫，处理干净备用；姜、葱切末备用；冬虫夏草泡发备用。

②野鸭投入沸水中汆半分钟，取出用冷水清洗干净。

③在炖锅内放入野鸭、冬虫夏草和姜、葱、精盐、料酒、开水，先用大火烧开，后用小火炖2小时，取出，捞去姜、葱，撇去浮沫，加高汤，再炖1小时即成。

操作要领

处理野鸭的时候要注意清洗干净内脏。

主料： 鸭心500克

配料： 花椒、八角、桂皮、香菜、葱、姜、精盐各适量

操作步骤

①鸭心洗净，在中间部分切开一个口子，放到锅中，加水烧开，撇去表面的泡沫继续煮10分钟，捞出备用；香菜洗净后切末备用；葱、姜切末备用。

②锅中加入花椒、八角、桂皮、香菜、葱、姜、精盐，加水熬成卤汁，水烧开后继续熬煮2分钟。

③卤汁烧好后放凉，然后把鸭心放入卤汁中，浸泡2小时即成。

操作要领

鸭心切片进行卤制效果也不错。

视觉享受：★★★ 味觉享受：★★★ 操作难度：★

卤鸭心

TIME 150分钟

菜品特点 口感独特 操作简单

鸡胗

挑选与储存

新鲜的鸡胗富有弹性和光泽，外表呈红色或紫红色，质地厚实。不新鲜的鸡胗呈黑红色，无弹性和光泽，肉质松软，不宜购买。

性味

性寒，味甘。

营养成分

营养素	含量 /100 克	营养素	含量 /100 克
热量	118.00 千卡	硫胺素	0.04 毫克
蛋白质	19.20 克	核黄素	0.09 毫克
脂肪	2.80 克	烟酸	3.40 毫克
碳水化合物	4.00 克	钙	7.00 毫克
膳食纤维	0.50 克	维生素 E	0.87 毫克
维生素 A	36.00 微克	胆固醇	174.00 毫克
胡萝卜素	0.90 微克	钾	272.00 毫克
视黄醇	73.10 微克	钠	74.80 毫克

食疗功效

1. 有助于胃酸的分泌和食物的消化。
2. 止呕消嗳，降胃气，调脾胃。
3. 鸡胗内含有多种氨基酸和有机酸，有消除疲劳、帮助睡眠的功效。

适宜人群

一般人群均可食用。

烹饪技巧

鲜鸡胗要洗干净，可用开水焯一下去异味。

视觉享受：★★★ 味觉享受：★★★★ 操作难度：★★

麻辣鸡胗

TIME 90 分钟

主料： 鸡胗 300 克

配料： 芹菜、蘑菇、杭椒各 50 克，花椒、植物油、生抽、辣椒面、精盐各适量

操作步骤

①锅中加清水，加花椒、精盐，大火煮熟鸡胗，然后小火炖 1 小时，捞出晾凉切块备用；杭椒切小段备用；蘑菇洗净后备用。

②用炒锅烧热植物油到五成热，放入辣椒面和花椒用小火熬制成麻辣油，晾凉备用。

③芹菜洗净切段，把芹菜和蘑菇放到热水中焯熟，然后放在切好的鸡胗上再放入杭椒段。

④将生抽、精盐和熬好的麻辣油浇在鸡胗、杭椒段、芹菜、蘑菇上，搅拌均匀即成。

操作要领

鸡胗用热水煮开还可以去除腥味。

主料： 鸡胗 200 克，熟山椒 100 克

配料： 大料、桂皮、香叶、姜、精盐、老抽、生抽各适量

操作步骤

①生鸡胗清洗干净，用清水浸泡 2 小时，洗净后焯水，切成片状备用；姜切末备用。

②砂锅中添入足够的清水，放入香叶、大料、桂皮、姜，加入老抽和适量精盐；放入焯过水的鸡胗，大火煮沸后盖上盖，用小火煮 10 分钟后关火，让汤汁自然冷却。

③把冷好的鸡胗捞出放入准备好的干净容器里，倒入熟山椒，用生抽和精盐调味，拌匀即成。

操作要领

鸡胗煮老了就不脆嫩，煮欠了不熟，火候要掌握好。

视觉享受：★★★★ 味觉享受：★★★★ 操作难度：★★★

山椒拌鸡胗

TIME 150 分钟

浓香肉类

羊肉

挑选与储存

市场上羊肉的主要类型是绵羊肉和山羊肉。挑选的时候要注意：绵羊肉黏手；而山羊肉发散，不黏手。绵羊肉纤维细短；山羊肉纤维粗长。

性味

性温，味甘，无毒。

营养成分

营养素	含量 /100 克	营养素	含量 /100 克
脂肪	4.00 克	蛋白质	18.00 克
热量	109.00 千卡	碳水化合物	2.00 毫克
钾	108.00 毫克	维生素 A	16.00 毫克
镁	9.00 毫克	维生素 E	0.53 毫克
钠	92.00 毫克	铁	2.30 毫克
钙	12.00 毫克	锌	2.14 毫克

食疗功效

1. 羊肉营养丰富，对肺结核、气管炎、哮喘、贫血、产后气血两虚、腹部冷痛、体虚畏寒、营养不良、腰膝酸软、阳痿早泄以及一切虚寒病症均有很大裨益。
2. 具有补肾壮阳、补虚温中等作用，男士适合经常食用。

适宜人群

一般人群均可食用。尤其适合怀孕的人食用，但也不宜食用过多。

烹饪技巧

羊肉中有很多膜，切丝之前应先将其剔除，否则炒熟后肉膜较硬，难以下咽。

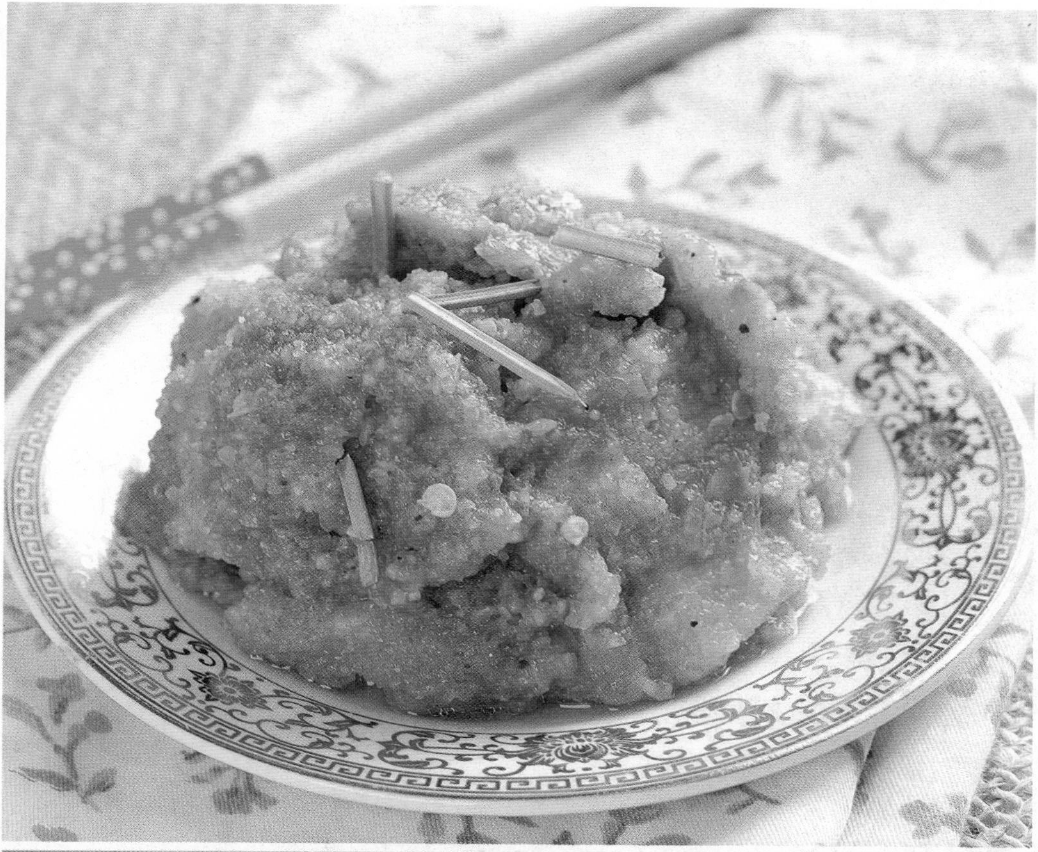

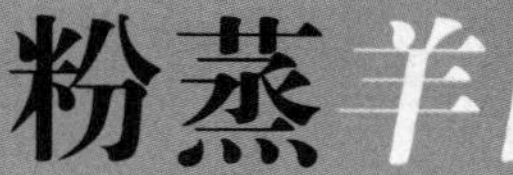

粉蒸羊肉

TIME 45分钟

菜品特点

柔软香嫩 利于消化

主料： 羊腿肉500克，大米粉200克

配料： 姜末、料酒、泡椒末、香菜、香油、味精、花椒油、胡椒粉、精盐各适量

视觉享受：★★★★
味觉享受：★★★★
操作难度：★★★

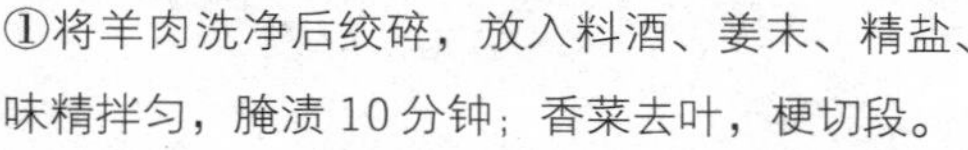

操作步骤

①将羊肉洗净后绞碎，放入料酒、姜末、精盐、味精拌匀，腌渍10分钟；香菜去叶，梗切段。

②把大米粉放入锅内炒香，倒出压碎，放到蒸笼中蒸烂。

③将腌好的羊肉加胡椒粉、花椒油、泡椒末和蒸好的大米粉拌匀，上屉蒸熟，取出放上香菜段，淋上香油即成。

操作要领

笼屉蒸羊肉的时间在20分钟左右为佳。

视觉享受：★★★★ 味觉享受：★★★★ 操作难度：★★

锅塌羊肉

TIME 30分钟

主料： 羊肉200克，鸡蛋150克

配料： 红辣椒、葱末、植物油、蒜末、精盐、料酒、淀粉各适量

操作步骤

①羊肉切成肉末，放入精盐、料酒、淀粉腌渍；鸡蛋磕入碗中，搅匀备用；红辣椒切末备用。

②在炒锅中加植物油，油温七成热的时候把羊肉放进去，变色后马上盛出来沥干油。

③将葱末、蒜末放入鸡蛋液中搅匀，倒在沥干油的羊肉上，拌匀；煎锅倒植物油，把羊肉放到煎锅上，周围起泡的时候翻面。

④羊肉煎好后装盘，用红辣椒末点缀即成。

操作要领

煎肉饼的时候要用小火。

主料： 羊排750克，胡萝卜250克，玉米50克

配料： 料酒25克，香菜10克，鸡精8克，精盐5克

操作步骤

①将羊排剔骨洗净，切成块状，放入开水里面氽一下备用；胡萝卜洗净，切块备用；香菜洗净切段备用。

②炖锅内放入水，放入羊排、鸡精、料酒、玉米，大火烧开后改小火炖25分钟。

③羊排熟烂后放入胡萝卜，加精盐调味接着炖。

④炖熟后盛出，用香菜点缀即成。

操作要领

羊排最后煮烂了效果为最好。

视觉享受：★★★★ 味觉享受：★★★★ 操作难度：★★

胡萝卜焖羊排

TIME 40分钟

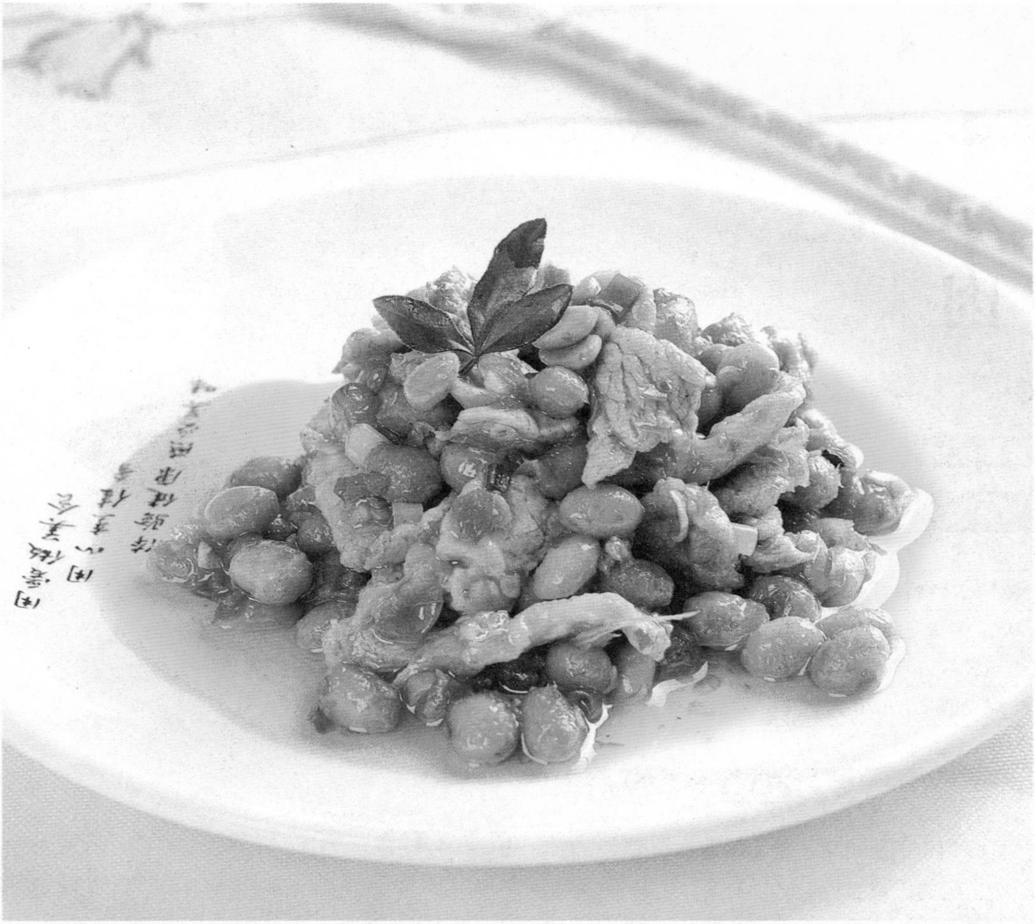

腊八豆炒羔羊肉

TIME 25分钟

菜品特点

肉质松软
豆类清香

主料： 腊八豆80克，羔羊肉300克

配料： 辣椒酱、葱、植物油、蒜、鸡精、精盐各适量

视觉享受：★★★★
味觉享受：★★★
操作难度：★★

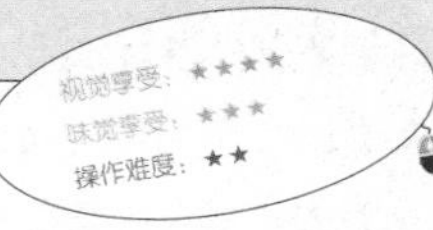

操作步骤

①葱、蒜切末备用；羔羊肉切成小块备用。

②锅内加植物油，放入葱、蒜爆香，倒入羔羊肉翻炒至变色，加入腊八豆、辣椒酱翻炒均匀，放入鸡精、精盐调味，炒熟即成。

操作要领

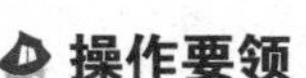

腊八豆本身是熟食，因此不需要提前处理。

牛肉

挑选与储存

新鲜牛肉的脂肪洁白或呈淡黄色，次品肉的脂肪缺乏光泽，变质肉脂肪呈绿色。

性味

味甘，性平，无毒。

营养成分

营养素	含量 /100 克	营养素	含量 /100 克
蛋白质	20.20 克	脂肪	2.30 克
碳水化合物	1.20 克	胆固醇	58.00 毫克
维生素 A	6.00 微克	视黄醇	6.00 毫克
硫胺素	0.07 克	核黄素	0.13 毫克
尼克酸	6.30 毫克	钙	9.00 毫克

食疗功效

1. 牛肉中的肌氨酸含量比其他食品都高，对增长肌肉、增强力量特别有效。进行训练的头几秒钟里，肌氨酸是肌肉燃料之源，可以有效补充三磷酸腺苷，使训练能坚持得更久。

2. 蛋白质需求量越大，饮食中所应该增加的维生素 B_6 越多。牛肉含有足够的维生素 B_6，能增强免疫力，促进蛋白质的新陈代谢合成，有助于紧张训练后身体的恢复。

3. 鸡肉、鱼肉中肉毒碱、肌氨酸的含量低，牛肉却含量高。肉毒碱主要用于支持脂肪的新陈代谢，产生对健美运动员增长肌肉起重要作用的支链氨基酸。

适宜人群

一般人群均可食用。

烹饪技巧

煮牛肉时，锅内同时放入少量用布袋装好的茶叶，不仅能使牛肉很快煮烂，而且肉味更鲜美。

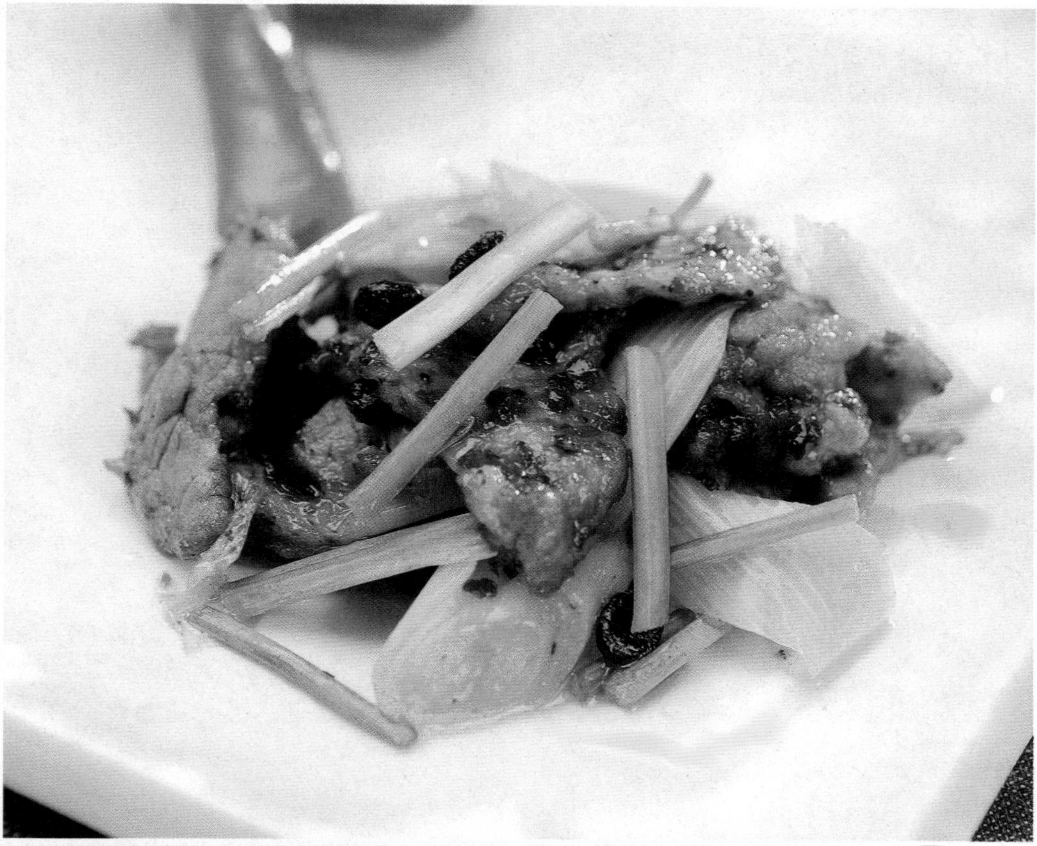

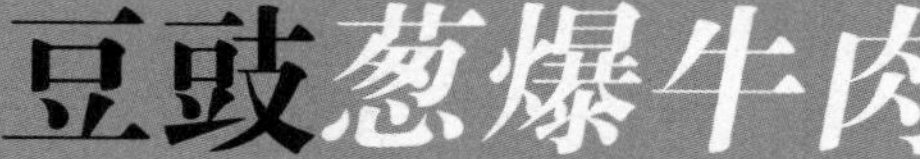

豆豉葱爆牛肉

视觉享受：★★★
味觉享受：★★★★
操作难度：★★★

TIME 160分钟

菜品特点
香气扑鼻
好吃不腻

主料： 牛腱子肉750克

配料： 豆豉辣酱、酱油各50克，香芹10克，醋、蒜汁、姜汁各10克，植物油40克，黄酒、芝麻油各25克，精盐5克，味精2克，葱白120克

操作步骤

①牛腱子肉处理干净，用清水浸泡2小时后捞出，沥干水分，切成薄片备用；把葱白洗净，切段备用；香芹洗净切段备用。

②用蒜汁、姜汁、酱油、黄酒、味精等调料做成酱汁，把牛肉放入瓷碗内，用酱汁腌渍。

③炒锅内倒入植物油，烧至八成热，放入牛肉片、葱白、香芹爆炒，放入豆豉辣酱翻炒均匀，放入醋、精盐、味精调味，淋芝麻油，出锅。

操作要领

处理牛腱子肉的时候要注意去掉筋膜。

蚝油牛肉

主料： 牛肉300克

配料： 淀粉3克，黄酒、香油各3克，洋葱20克，蚝油10克，蒜1克，味精、胡椒粉各1克，酱油5克，植物油60克

操作步骤

①把蚝油、味精、酱油、胡椒粉、淀粉调成芡汁备用；洋葱剥皮切成丝备用；蒜切末备用；牛肉切成片。

②用旺火烧热炒锅，加植物油，油温达到四成热时，下牛肉片炒至九成熟，把牛肉捞出沥干。

③将锅放回火上，下蒜末爆香，倒入洋葱丝翻炒熟。

④放入牛肉片，加入黄酒，用芡汁勾芡，加香油炒匀，迅速盛出即成。

操作要领

牛肉不需要完全烧熟。

主料： 牛肉160克，鸡蛋2个，豆腐150克

配料： 香菜、生粉、精盐、味精、生抽、胡椒粉、香油各适量

操作步骤

①牛肉处理干净后切碎备用；香菜洗净切碎备用；鸡蛋取鸡蛋清备用；豆腐切碎备用。

②牛肉放入热水中汆熟，捞出。

③往锅中倒清水，放入牛肉烧开，倒入豆腐，加入精盐、味精、生粉、生抽、胡椒粉调味，慢慢倒入蛋清迅速搅拌均匀使蛋清成飞絮状，最后撒上香菜，淋香油即成。

操作要领

这道菜比较清淡，牛肉不宜选得太肥。

西湖牛肉碎

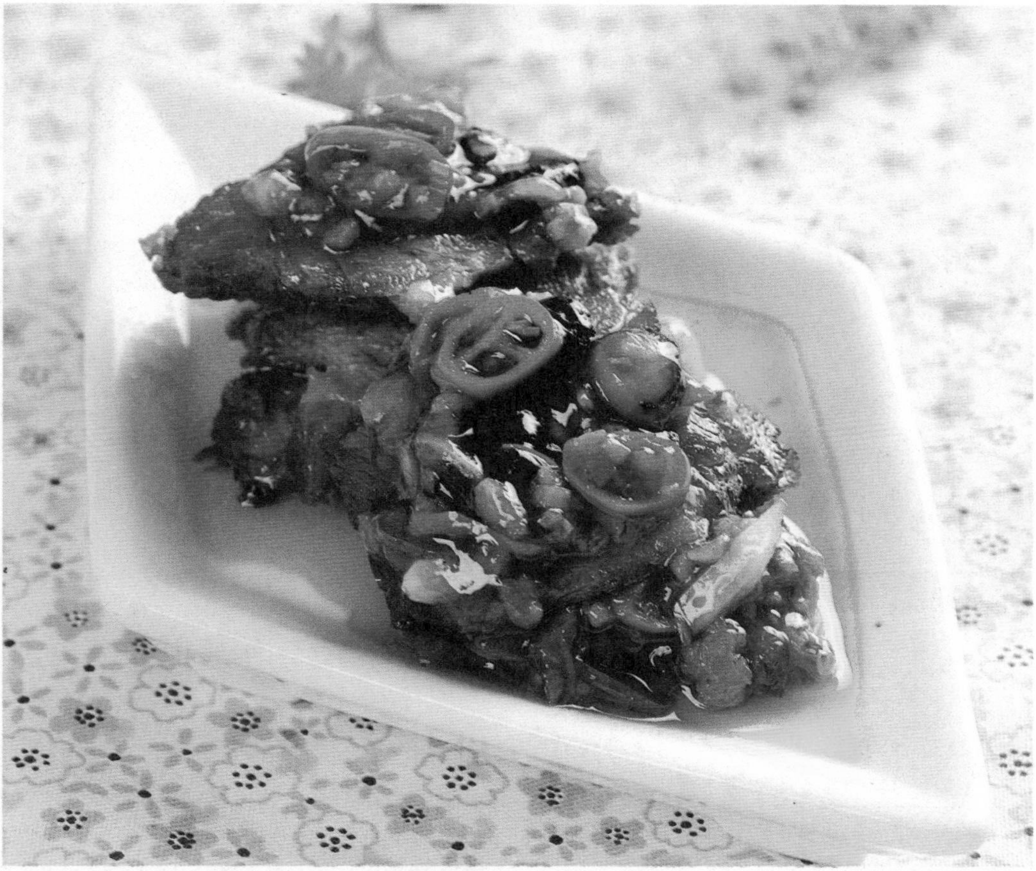

豆豉尖椒蒸牛肉

TIME 40分钟

菜品特点

鲜嫩醇香
麻辣适口

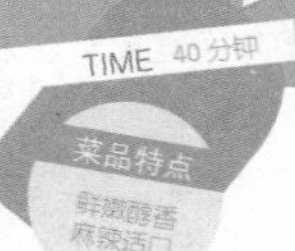

主料： 瘦牛肉370克

配料： 红尖椒、洋葱各10克，豆豉酱、酱油各30克，胡椒粉3克，葱、姜各8克，料酒13克，香油适量

视觉享受：★★★★
味觉享受：★★★★
操作难度：★★★

操作步骤

①葱切成葱花备用；红尖椒切成圈备用；姜切末备用；洋葱切丝备用。

②牛肉切成薄片，用酱油、豆豉酱、胡椒粉、料酒拌匀，撒上葱花、红尖椒圈、姜末、洋葱丝，放入碗中上屉蒸熟。

③从蒸笼中取出牛肉，浇上香油即成。

操作要领

牛肉一般蒸20分钟便可。

猪肉

挑选与储存

优质的猪肉，脂肪白而硬，且带有香味。次猪肉肉色较暗，缺乏光泽，脂肪呈灰白色，表面带有黏性，稍有酸败霉味。

性味

性平，味甘。

营养成分

营养素	含量 /100 克	营养素	含量 /100 克
热量	320.00 千焦	硫胺素	0.37 毫克
蛋白质	17.00 克	脂肪	28.00 克
钙	6.00 毫克	胆固醇	79.00 毫克
维生素 E	48.00 毫克	维生素 A	8.00 毫克
磷	142.00 毫克	胡萝卜素	6.00 微克

食疗功效

1. 猪肉含有丰富的 B 族维生素，食之可以使身体感到更有力气。

2. 猪肉能提供人体必需的脂肪酸。

3. 猪肉性味甘、咸，滋阴润燥，可提供血红素（有机铁）和促进铁吸收的半胱氨酸，能改善缺铁性贫血。

4. 猪排滋阴，猪肚补虚损、健脾胃。

适宜人群

一般健康人和患有疾病之人均能食之。

多食令人虚肥，大动风痰，多食或冷食易引起胃肠饱胀或腹胀腹泻。

烹饪技巧

猪肉不宜在猪刚被屠杀后煮食，食用前不宜用热水浸泡，在烧煮过程中忌加冷水，不宜多食煎炸咸肉，不宜多食用硝酸盐腌制的猪肉，忌食用猪油渣。

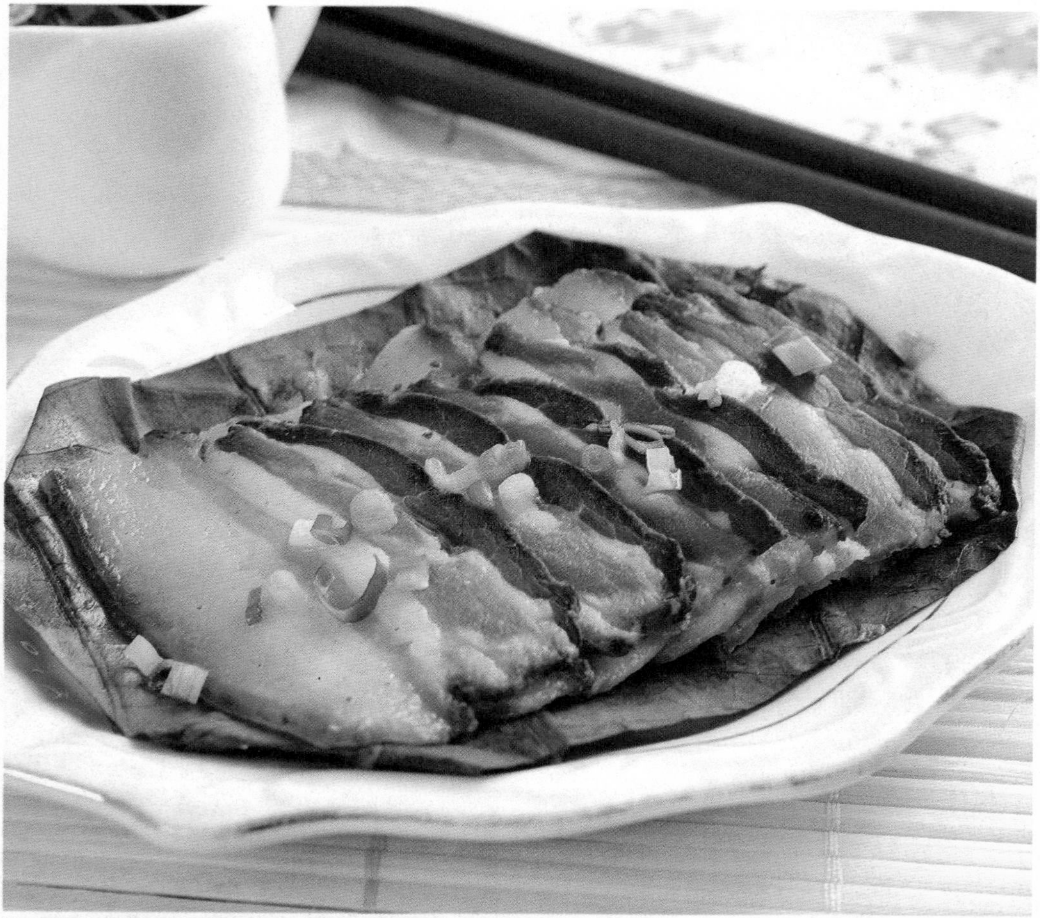

荷香蒸腊肉

TIME 30分钟

菜品特点
鲜香酥脆
好吃不腻

主料： 腊肉150克

配料： 荷叶1张，葱10克，麻油5克

视觉享受：★★★★
味觉享受：★★★★
操作难度：★★★

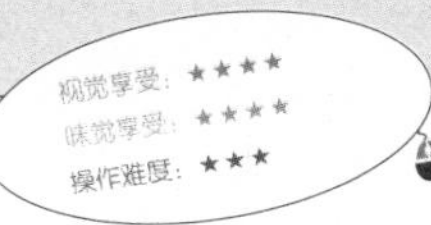

操作步骤

①腊肉洗净切片，荷叶洗净铺到碟内，再把腊肉摆到荷叶上；葱切成末备用。

②蒸锅烧开水，将摆好的腊肉，上火蒸20分钟拿出。

③撒上葱花，淋上麻油即成。

操作要领

蒸腊肉要用中火。

视觉享受：★★★★ 味觉享受：★★★★ 操作难度：★★★

红烧肉海参

TIME 70分钟

主料： 五花肉400克，海参200克

配料： 葱、姜各5克，冰糖、老抽、精盐、料酒、植物油各适量

操作步骤

①五花肉切块，放清水里浸泡10分钟，倒入小半杯的料酒去腥；海参泡发后放锅里蒸30分钟，凉透后备用；葱、姜切末备用。

②炒锅里放少量植物油加热，放入五花肉小火慢慢煸炒，等到肉微微发黄时，把锅里的油倒出来。

③加入老抽，煸炒上色后，放入葱、姜，加入半锅热水和料酒，大火烧开后转小火。

④加入适量的冰糖调味，等到肉炖到五成熟时，把海参放进去，接着炖。

⑤等到肉熟烂、海参软糯后，加入一点点精盐调味，汤汁收紧后即成。

操作要领

海参蒸出来的效果应该是硬度适中的。

主料： 芒果、瘦肉各100克，豌豆10克

配料： 生姜10克，精盐、味精各5克，胡椒粉、洋葱、干生粉各适量

操作步骤

①芒果去皮切丁备用；瘦肉剁成泥备用；生姜去皮切末备用；豌豆洗净，焯水后捞出备用；洋葱切片备用。

②瘦肉用碗装上，调入精盐、味精、姜、胡椒粉、干生粉，打成糊状，倒入碟内成饼形，上面撒上芒果丁、豌豆备用。

③蒸锅烧开水，放入肉饼用旺火蒸8分钟拿出，周围用洋葱片点缀即成。

操作要领

猪肉要以三分肥，七分瘦的肉为最佳。

视觉享受：★★★★ 味觉享受：★★★★ 操作难度：★★★

花蒸肉饼

TIME 40分钟

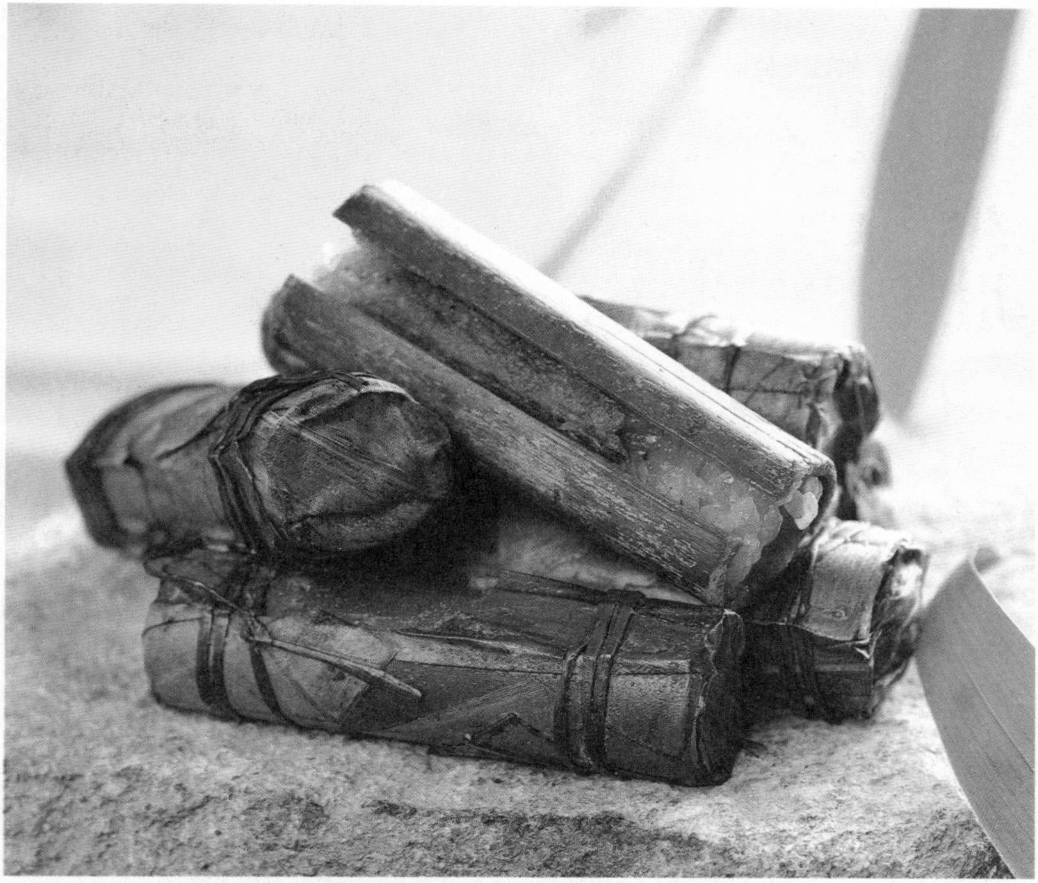

竹筒肉

TIME 40分钟

菜品特点
味道独特
营养丰富

主料： 猪肉200克，糯米300克

配料： 酱油、五香粉、精盐、竹叶、竹筒各适量

视觉享受：★★★★
味觉享受：★★★★
操作难度：★★

操作步骤

①竹筒削掉竹节，剖开一段，洗净备用；猪肉洗净后切成末，加五香粉、酱油、精盐腌好备用；糯米泡好备用。

②先用竹叶包好一头，然后填一些糯米，再填一些肉，最后用竹叶把另外一头也包好。

③将包好的竹筒放到锅中蒸，水开后蒸20分钟即成。

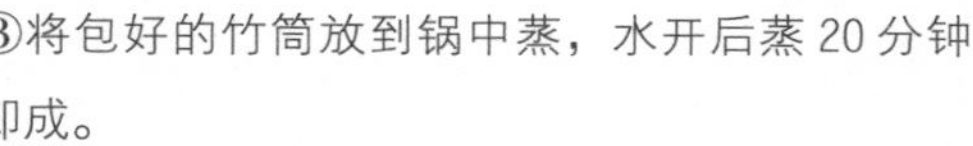

操作要领

竹筒肉的肉可以添加其他料腌渍。

牛肚

挑选与储存

选择来源可靠、渠道正规、经过检疫部门检测的，太白的牛肚不宜选购。

性味

性温，味甘，无毒。

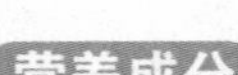

营养成分

营养素	含量 /100 克	营养素	含量 /100 克
水分	83.40 克	热量	72.00 千焦
蛋白质	14.50 克	脂肪	1.60 克
胆固醇	104.00 毫克	维生素 A	2.00 微克
硫胺素	0.03 克	视黄醇	2.00 微克
尼克酸	2.50 毫克	核黄素	0.13 毫克
钙	40.00 毫克	磷	104.00 毫克

适宜人群

一般人群均可食用。

尤其适宜于病后虚羸、气血不足、营养不良、脾胃薄弱之人。

食疗功效

1. 牛肚具有补益脾胃、补气养血、补虚益精的功效。
2. 牛肚可治病后虚羸、气血不足、消渴、风眩的症状。

烹饪技巧

烹调前用盐将牛肚搓洗干净，煮之前过温水。

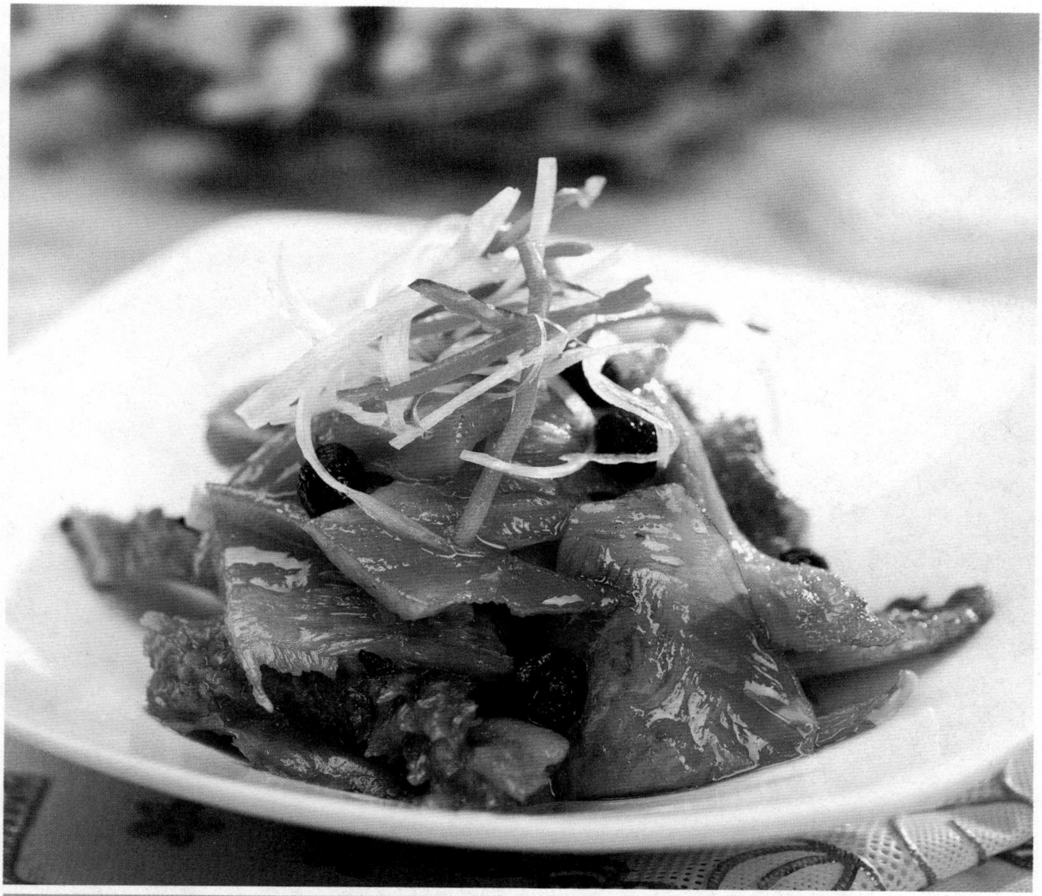

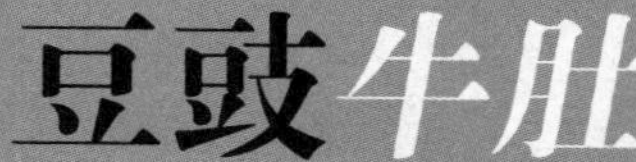

豆豉牛肚

视觉享受：★★★
味觉享受：★★★
操作难度：★

TIME 25分钟

菜品特点
口感松脆
易于操作

主料： 牛肚300克

配料： 豆豉30克，青辣椒、红辣椒、葱白各10克，植物油、精盐、鸡精、料酒、蒜汁各适量

操作步骤

①将牛肚洗净后切片备用；青辣椒、红辣椒、葱白切丝备用。

②锅内放植物油烧热，倒入牛肚翻炒，并放入适量的蒜汁、豆豉、精盐、鸡精和料酒调味。

③翻炒均匀后出锅，用青椒丝、红椒丝、葱丝点缀即成。

操作要领

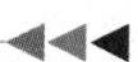

炒牛肚时火不用太大。

视觉享受：★★★ 味觉享受：★★★ 操作难度：★

油面筋炒牛肚

TIME 25分钟

菜品特点：柔软松脆 味道独特

主料： 油面筋、香菇各50克，牛肚100克

配料： 姜10克，红椒、芹菜各10克，蒜5克，植物油、精盐、鸡精各适量

操作步骤

①油面筋切块备用；香菇、红椒分别洗净切片备用；牛肚洗净，先用沸水焯一下，捞出切片备用；姜、蒜切片备用；芹菜洗净后切段备用。

②锅中加植物油烧热，将牛肚入油锅中滑熟。

③锅内留底油，放入姜片、蒜片爆香，放入芹菜、红椒、油面筋、牛肚、香菇翻炒均匀，放入精盐、鸡精调味，炒熟即成。

操作要领

牛肚滑油时，时间不能太长。

视觉享受：★★★ 味觉享受：★★★★ 操作难度：★★

纸锅牛肚

TIME 25分钟

菜品特点：风味独特 制作简单

主料： 牛肚300克，蕨菜200克

配料： 红、绿杭椒各50克，芹菜、香菜各5克，植物油、蒜、精盐、鸡精、辣酱各适量

操作步骤

①红、绿杭椒切段备用；蕨菜洗净后切段备用；牛肚洗净后切成条状备用；芹菜切段备用；香菜、蒜切末备用。

②坐锅放油，烧至五成熟，放入蒜末爆香。

③加入牛肚、蕨菜、芹菜、红杭椒、绿杭椒翻炒，加入精盐、鸡精、辣酱调味，炒熟后加香菜即成。

操作要领

牛肚翻炒时间不宜过长。

猪蹄

挑选与储存

猪蹄并不是越大越好，一般 400~600 克为宜，这样的猪蹄肉质、口感为最佳。颜色上要选肉色好的，过白、发黑的及颜色不正的不要买。

性味

性平，味甘、咸。

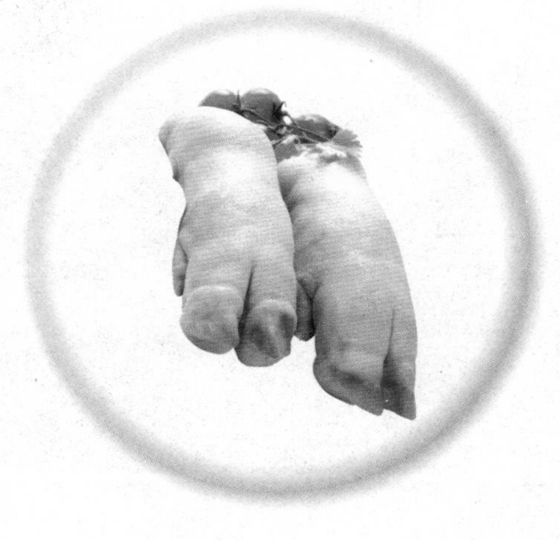

营养成分

营养素	含量 /100 克	营养素	含量 /100 克
蛋白质	23.60 克	脂肪	18.80 克
胆固醇	192.00 毫克	维生素 A	35.00 微克
视黄醇	58.20 微克	钾	54.00 克
磷	33.00 毫克	钠	101.00 毫克
钙	33.00 毫克	铁	1.10 毫克

食疗功效

1. 食用猪蹄有利于减轻中枢神经过度兴奋，对焦虑状态及神经衰弱、失眠等也有改善作用。

2. 猪蹄和猪皮中含有大量的胶原蛋白质，在烹调过程中可转化成明胶。明胶具有网状空间结构，它能结合许多水，增强细胞生理代谢，有效改善机体生理功能和皮肤组织细胞的储水功能，使细胞得到滋润，保持湿润状态，防止皮肤过早褶皱，延缓皮肤的衰老过程。

适宜人群

一般人群均可食用。

尤其适宜老人、妇女和手术后失血者食用。

动脉硬化及高血压患者少食为宜。如果有痰盛阻滞、食滞症状也应慎吃。

烹饪技巧

猪毛可用松香去除，将松香先烧熔，趁热泼在猪毛上，待松香凉了，揭去，猪毛也随之脱落。

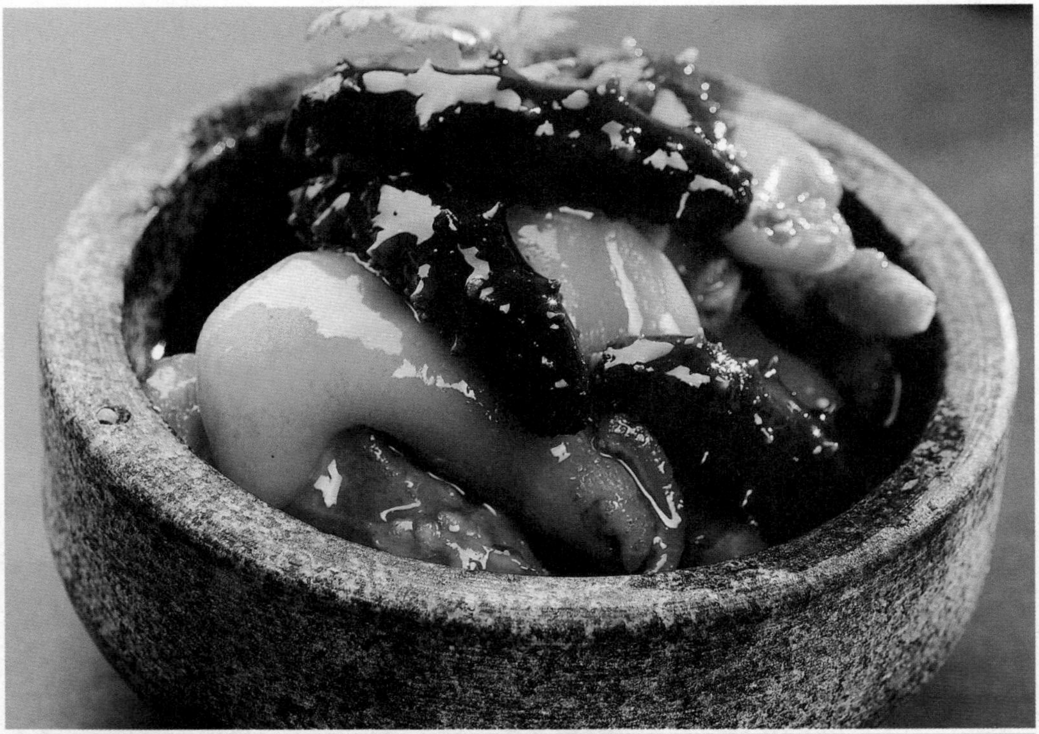

大蹄扒海参

视觉享受：★★★
味觉享受：★★★★
操作难度：★★

TIME 90分钟

菜品特点：香嫩酥脆 美容养颜

主料： 海参750克，猪蹄500克

配料： 酱油15克，葱段、姜片各5克，味精5克，料酒25克，精盐20克，蒜汁10克，白糖50克，鸡汤、淀粉、植物油、香菜、香油各适量

操作步骤

①将猪蹄刮洗干净，在外侧划上一刀，用开水煮透，捞出控去水分，放入七成热的植物油中，炸至金黄色，捞出沥油备用；海参洗净后用直刀切成两半备用；香菜切段备用。

②将植物油烧热，放入葱段、姜片爆香，把猪蹄放入锅中，加入料酒、蒜汁、酱油、味精、鸡汤、精盐、白糖调味，1小时后，将猪蹄翻转过来，再用小火将猪蹄煨烂，放入盘中。

③把葱段、姜片拣出，将海参放入锅中3分钟，用淀粉勾芡，淋入香油，倒入猪蹄盘中，加香菜点缀即成。

操作要领

海参要提前泡发好，以备使用。

视觉享受：★★★ 味觉享受：★★★★ 操作难度：★★★

黄豆焖猪蹄

TIME 120分钟

菜品特点：香味独特 富有嚼劲

主料： 黄豆300克，猪蹄500克

配料： 精盐、酱油、葱、姜、蒜、冰糖、蚝油、料酒各适量

操作步骤

①黄豆洗净用清水浸泡备用；葱、姜、蒜切末备用；猪蹄放到开水里煮至表皮变色，然后冲洗干净，切块备用。

②锅烧热，放入冰糖，待冰糖化成金黄色的糖浆，放入猪蹄，使猪蹄均匀地裹上糖色。

③锅里注入足量开水，并放入黄豆、葱、姜、蒜、酱油、蚝油、料酒。

④水开后改小火炖，水下去大半后放入精盐，炖到汤汁收得还剩少许时捞出黄豆和猪蹄装盘即成。

操作要领

小火炖猪蹄的时间最少也要一个半小时。

主料： 猪蹄300克

配料： 黄瓜50克，蒜汁、姜、生抽、糖、青辣椒、尖椒、红辣椒、泡椒、精盐、植物油各适量

操作步骤

①处理干净猪蹄，切块备用；姜、黄瓜切片备用；红辣椒、青辣椒、泡椒横切成圈备用；尖椒斜切成段备用。

②锅里先烧开一锅水，放入姜片，加入猪蹄煮熟后捞出。

③准备一盆冷水，把捞出的猪蹄用水冲凉，然后沥干。

④锅里放植物油，放入猪蹄、黄瓜、青辣椒、红辣椒、尖椒、泡椒翻炒，用蒜汁、生抽、糖、精盐调味，翻炒熟后即成。

操作要领

第一次煮猪蹄不用煮烂。

视觉享受：★★★ 味觉享受：★★★★ 操作难度：★★★

开胃猪蹄

TIME 40分钟

菜品特点：味道独特 清新开胃

花生黄豆煲猪蹄

TIME 60分钟

菜品特点
蹄肉软烂
口感独特

主料： 猪蹄500克，黄豆、花生各适量

配料： 红糖、鸡精各5克，精盐15克，枸杞、老抽、料酒、葱段、姜片、桂皮、当归各适量

视觉享受：★★★
味觉享受：★★★★
操作难度：★★★

操作步骤

①黄豆泡发备用；猪蹄连续用水煮2次，切块备用；枸杞提前泡发备用；花生洗净备用。

②在高压锅中加清水，放入猪蹄、花生、黄豆、老抽、红糖、料酒、桂皮、当归、葱、姜、精盐，大火煮开，小火焖煮20分钟左右。

③开盖放入枸杞、鸡精，大火收汁，盛出装盘即成。

操作要领

猪蹄连续用水煮2次，是为了去除猪蹄的浮沫和腥味。

猪肺

挑选与储存

在挑选猪肺时，表面色泽粉红、光洁、均匀、富有弹性的为新鲜肺；变质肺的颜色为褐绿或灰白色，有异味，不能食用。

性味

性平，味甘。

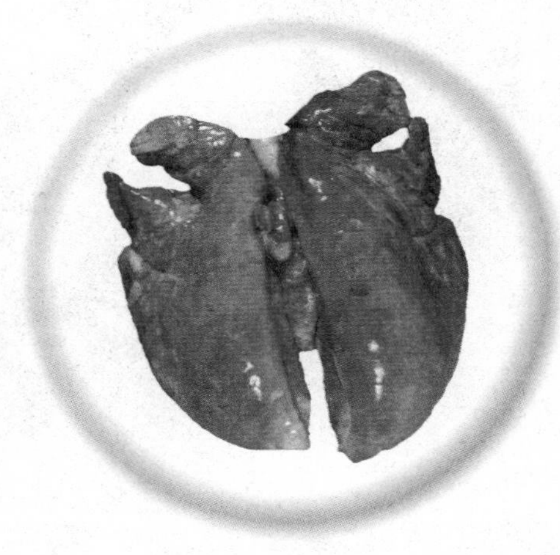

营养成分

营养素	含量 /100 克	营养素	含量 /100 克
热量	84.00 千卡	蛋白质	12.20 克
脂肪	3.90 克	碳水化合物	0.10 克
视黄醇	10.00 微克	胆固醇	290.00 毫克
灰分	0.70 克	维生素 A	10.00 微克
核黄素	0.18 毫克	硫胺素	0.04 毫克

食疗功效

猪肺有补虚、止咳、止血的功效，可用于治疗肺虚咳嗽、久咳咯血等症。

适宜人群

适宜肺虚久咳、肺结核、肺痿咯血者食用。

烹饪技巧

将猪肺管套在水龙头上，充满水后再倒出，反复几次便可冲洗干净，最后把它放入锅中烧开，浸出肺管内的残留物，再洗一遍，另换水煮至酥烂即可。

翠塘猪肺

TIME 30分钟
菜品特点
味道独特
制作简单

视觉享受：★★★
味觉享受：★★★
操作难度：★★

主料： 猪肺300克，菠菜100克

配料： 粉条50克，干辣椒末10克，植物油、蒜、红油、鸡精、精盐、酱油各适量

操作步骤

①猪肺处理干净，切块，煮熟备用；蒜切末备用；粉条泡发备用；菠菜洗净后切段。

②锅中放入适量植物油加热，油热后放入干辣椒末炝出香味。

③猪肺倒入锅中，放入适量精盐、红油翻炒，倒入菠菜和粉条一同翻炒，加入适量的酱油。

④出锅前加入鸡精，翻炒均匀，装盘后撒上蒜末即成。

操作要领

用精盐擦猪肺，可以清洗得更干净。

视觉享受：★★★ 味觉享受：★★★ 操作难度：★★

海带炒猪肺

TIME 30分钟

菜品特点：入口柔软 易于操作

主料： 猪肺300克，海带100克

配料： 蒜、植物油、精盐、鸡精、酱油各适量

操作步骤

①猪肺处理干净，切片，煮熟备用；蒜切末备用；海带泡发切片备用。

②锅中放入适量的植物油加热，油热后放入蒜末爆香。

③下入猪肺翻炒，放入适量精盐，倒入海带，加入适量酱油继续翻炒。

④出锅前加入鸡精，翻炒均匀后把猪肺和海带捞出装盘即成。

操作要领

猪肺容易煮熟，因此炒的时间不需要太长。

主料： 冬笋、木耳各100克，猪肺300克

配料： 火腿50克，松仁、白胡椒粉、精盐、酱油适量

操作步骤

①猪肺处理干净，切块备用；将冬笋切成片状备用；将木耳泡发，撕成小朵；火腿切菱形片备用。

②在锅中加水，放入猪肺，用大火烧开，然后加入冬笋、木耳、松仁、火腿，用白胡椒粉、精盐、酱油调味，用小火煮熟即成。

操作要领

冬笋也可用竹笋代替。

视觉享受：★★★ 味觉享受：★★★★ 操作难度：★★★

冬笋炖猪肺

TIME 50分钟

菜品特点：柔软适口 味道独特

猪肝

挑选与储存

质软且嫩，手指稍用力，可插入切开处，做熟后味鲜、柔嫩，是可放心食用的猪肝。

性味

性温，味甘、苦。

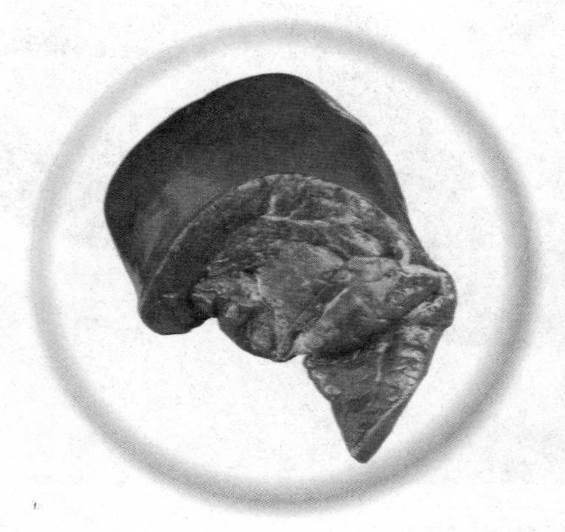

营养成分

营养素	含量/100克	营养素	含量/100克
磷	200.00毫克	抗坏血酸	18.00毫克
热量	129.00千卡	蛋白质	19.30克
脂肪	3.50克	碳水化合物	5.00克
核黄素	2.08毫克	胆固醇	288.00毫克
灰分	1.50克	维生素A	4972.00微克
硫胺素	0.21毫克	视黄醇	4972.00微克

食疗功效

1.猪肝中铁质丰富，是补血的常见食物，食用猪肝可调节和改善贫血病人造血系统的生理功能。

2.猪肝中含有丰富的维生素A，具有维持正常生长和生殖机能的作用；能保护眼睛，保持正常视力，防止眼睛干涩、疲劳；维持健康的肤色，对皮肤的健美具有重要意义。

适宜人群

一般人群均可食用，适宜气血虚弱、面色萎黄、缺铁性贫血者食用。

烹饪技巧

猪肝要现切现做，新鲜的猪肝切后放置时间一长胆汁会流出，不仅损失养分，而且炒熟后会有许多颗粒凝结在猪肝上，影响外观和质量。所以猪肝切片后应迅速使用调料和湿淀粉拌匀，并尽早下锅。

熘炒肝尖

TIME 30分钟

菜品特点

酱辣适中
鲜美可口

主料：猪肝500克

配料：木耳100克，洋葱、红辣椒各50克，蒜汁、精盐、味精、湿淀粉、酱油、白糖、料酒、香油、植物油各适量

视觉享受：★★★
味觉享受：★★★★
操作难度：★★

操作步骤

①猪肝洗净，切成片，放入碗中，用精盐、味精、料酒、湿淀粉拌匀上浆；红辣椒切片备用；洋葱切片备用；木耳提前泡发好，撕成小朵。

②酱油、精盐、料酒、白糖、味精、湿淀粉制成芡汁备用。

③炒锅中放入植物油，烧至四成熟，下入浆好的肝片，炒熟后沥油。

④锅内留底油，放入木耳、洋葱、红辣椒煸炒，放蒜汁调味，然后放入肝片，烹入芡汁，翻炒均匀后淋入少许香油，出锅装盘即成。

操作要领

洋葱和木耳容易炒熟，因此炒的时间不宜过长。

视觉享受：★★★　味觉享受：★★★　操作难度：★

红汤肝片

TIME 25分钟

菜品特点：味道独特　制作简单

主料： 熟猪肝300克，芹菜50克

配料： 红油50克

操作步骤

①猪肝切成片状备用；芹菜切段后用热水焯熟后捞出备用。

②将芹菜、猪肝放入盘中，淋上红油即成。

操作要领

红油要浇得均匀些。

视觉享受：★★★　味觉享受：★★★　操作难度：★

椒麻猪肝

TIME 25分钟

菜品特点：麻辣适口　操作简单

主料： 猪肝300克

配料： 蒜汁10克，葱10克，精盐10克，麻油、红油、米酒各5克，糖5克，黑椒粉3克，醋3克，植物油适量

操作步骤

①葱洗净切末备用；锅中倒入适量的水烧开，放入猪肝氽烫后捞出备用。

②炒锅中加植物油，放进氽烫过的猪肝，用小火翻炒，加入麻油、蒜汁、红油、精盐、醋、糖、米酒调味。

③猪肝快炒熟时，放入黑椒粉和葱末，炒熟后出锅即可。

操作要领

猪肝容易做老，烫之前用生粉抓一下能保证猪肝的滑嫩。

湘西风味炒猪肝

TIME 30分钟

主料： 猪肝400克

配料： 青蒜、红辣椒、蒜汁、精盐、鸡精、辣椒酱、植物油各适量

操作步骤

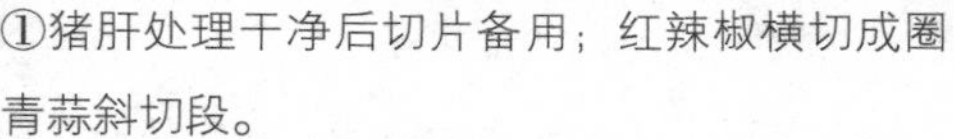

①猪肝处理干净后切片备用；红辣椒横切成圈；青蒜斜切段。

②锅中烧水，加蒜汁，水开后加切好的猪肝，焯到外层变色捞出，过凉水，沥干水分。

③热锅放植物油，放红辣椒、辣椒酱炝锅，再放猪肝，加蒜汁、青蒜、精盐、鸡精爆炒，最后出锅即成。

操作要领

焯水的时候加一些精盐和油更好。

大肠

挑选与储存

质量好的猪大肠，颜色呈白色，黏液多，异味轻。色泽变暗、有青有白、黏液少、异味重的质量不好。

性味

性寒，味甘，无毒。

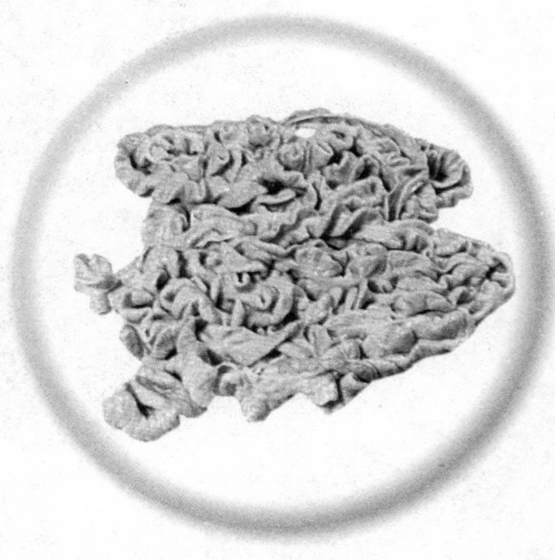

营养成分

营养素	含量 /100 克	营养素	含量 /100 克
热量	196.17 千卡	蛋白质	6.90 克
脂肪	18.70 克	胆固醇	137.00 毫克
灰分	0.80 克	维生素 A	7.00 毫克
视黄醇	7.00 毫克	硫胺素	0.06 毫克
尼克酸	1.90 毫克	维生素 C	0.30 毫克
核黄素	0.11 毫克	维生素 E	0.50 毫克

食疗功效

1. 猪大肠性寒，味甘，有润肠、去下焦风热、止小便频数的功效。
2. 用猪大肠治疗大肠病变，有润肠治燥、调血痢脏毒的功效。

适宜人群

一般人均可食用。

适宜大肠病变，如痔疮、便血、脱肛者和小便频多者食用。

感冒期间忌食；因其性寒，凡脾虚便溏者亦忌。

烹饪技巧

猪大肠适于烧、烩、卤、炸，如“烧大肠段”“卤五香大肠”“炸肥肠”“九转肥肠”“炸扳指”等。

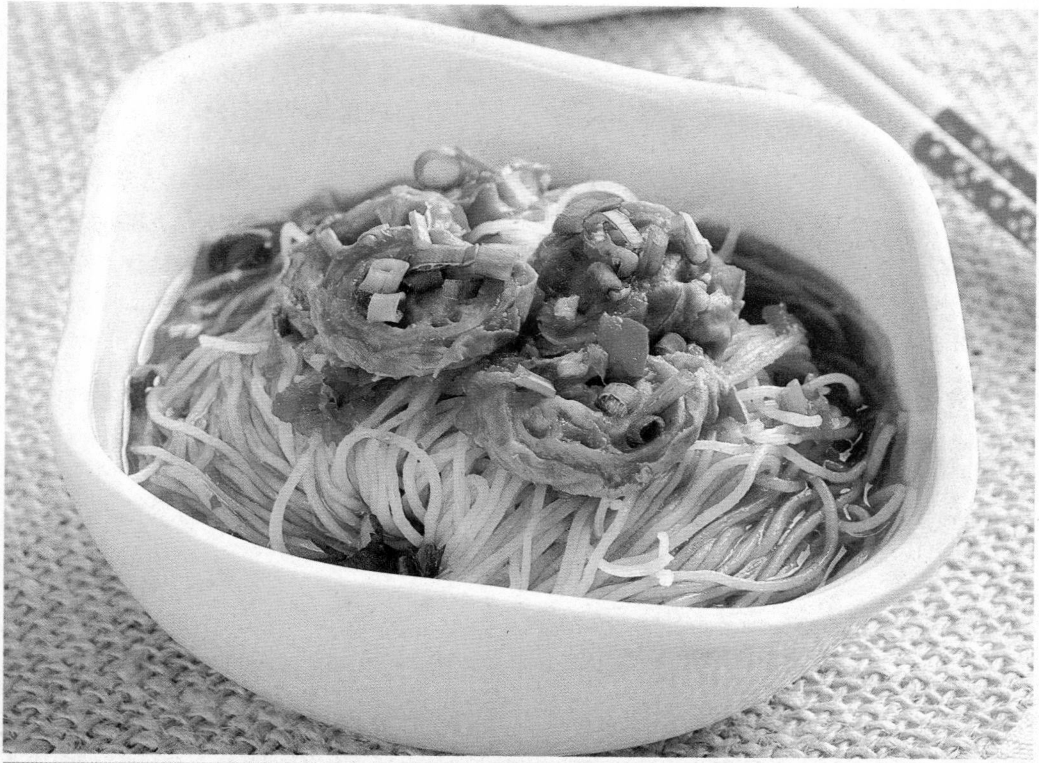

肥肠米粉

TIME 25分钟

菜品特点
香气浓郁
微有辣味

主料： 肥肠 100 克，鲜米粉 150 克

配料： 香菜、蒜末、辣椒酱、葱花、精盐、红油、植物油、花椒粉、料酒、鸡精各适量

视觉享受：★★★
味觉享受：★★★★
操作难度：★★

操作步骤

①将肥肠处理干净，投入沸水锅中焯水至断生，捞起再次洗净，将肥肠下锅，熬成原汤备用；米粉用清水洗干净备用；香菜切末。

②拣出肥肠切成片，炒锅内放入植物油烧热，下蒜末炒香，放煮肥肠的原汤，再放料酒、精盐、鸡精、肥肠，烧沸 3 分钟后，去渣，盛入碗中。

③将精盐、香菜、葱花、红油、鸡精、花椒粉分别装入器具内备用。

④将米粉抓入竹笊篱里，用开水烫熟，倒入碗中，用精盐、香菜、葱花、红油、鸡精、花椒粉、辣椒酱调味，放入肥肠即成。

操作要领

肥肠要洗净，去净油筋。

视觉享受：★★★ 味觉享受：★★★★ 操作难度：★★

锅仔肥肠

TIME 40分钟

菜品特点：香气浓郁 辣味适中

主料： 肥肠500克

配料： 红辣椒、青辣椒、土豆各20克，蒜50克，醋、料酒、小苏打粉、高汤、辣椒酱、精盐、麦芽糖、蚝油、油各适量

操作步骤

①将肥肠切块，用沸水加少许小苏打粉烫一下捞出，再加高汤煮20分钟后捞起；蒜切片备用；土豆切块备用；青、红辣椒切块。

②用醋、料酒溶解麦芽糖，给肥肠浸泡上色，用叉烧针穿起，挂在通风处晾干。

③把肥肠倒入热油中炸至红褐色，捞起装入砂锅，撒入青辣椒、红辣椒、土豆、蒜、辣椒酱、精盐调味，加入高汤，用小火煨熟。

④离火前加适量蚝油拌匀即成。

操作要领

猪肥肠最好选择肠头。

主料： 猪血块600克，大肠300克

配料： 葱、蒜苗、植物油、鸡粉、胡椒粉、沙茶酱、精盐、高汤各适量

操作步骤

①猪血块洗净备用；葱斜切成段备用；蒜苗切段备用；猪大肠洗净后用热水煮至微烂，切段备用。

②锅中加水煮沸后立即关火，加入植物油和猪血块，浸泡10分钟放凉备用。

③取一深锅，放入葱、蒜苗、高汤、精盐、鸡粉煮沸，再放入猪血块、猪大肠和胡椒粉、沙茶酱同煮，大肠和猪血块煮熟后即成。

操作要领

猪大肠清洗的时候一定要翻面，保证清洗得更干净。

视觉享受：★★★ 味觉享受：★★★★ 操作难度：★★

大肠猪红煲

TIME 40分钟

菜品特点：香气浓郁 有利健康

鲜香水产类

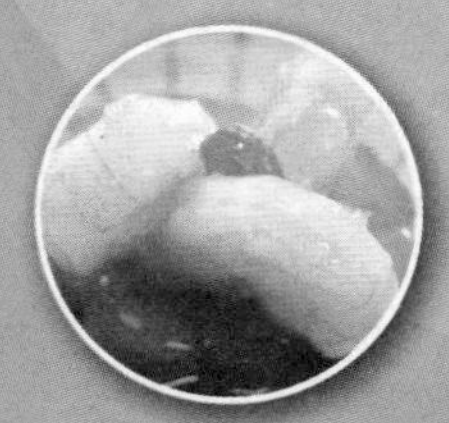

虾

挑选与储存

要挑选虾体、虾壳完整、密集、外壳清晰鲜明、肌肉紧实、身体有弹性，而且体表干燥洁净的。一般来说，头部与身体连接紧密的，就比较新鲜。

性味

性温，味甘，有小毒。

营养成分

营养素	含量/100克	营养素	含量/100克
镁	60.00毫克	蛋白质	20.60克
脂肪	0.70克	钙	35.00毫克
磷	150.00毫克	铁	0.10毫克

食疗功效

1. 虾营养丰富，且其肉质松软，易消化，对身体虚弱以及病后需要调养的人是极好的食物。

2. 虾中含有的镁对心脏活动具有重要的调节作用，能很好地保护心血管系统，可减少血液中胆固醇含量，防止动脉硬化，同时还能扩张冠状动脉，有利于预防高血压及心肌梗死。

3. 虾的通乳作用较强，并且富含磷、钙，对小儿、孕妇尤有滋补功效。

适宜人群

一般人群均可食用。

中老年人、孕妇、心血管病患者、肾虚阳痿、男性不育症、腰脚无力之人更适合食用；同时适宜缺钙所致的小腿抽筋者食用。

烹饪技巧

虾背上的虾线，是虾未排泄完的废物，吃到口内有泥腥味，影响食欲，所以应除掉。

干锅排骨香辣虾

TIME 100分钟

菜品特点

香气浓郁 鲜滑美味

主料： 虾500克，排骨150克

配料： 土豆50克，干辣椒、红辣椒、青辣椒各10克，藕片20克，花生5克，精盐4克，香芹、酱油、香油、植物油各适量

视觉享受：★★★

味觉享受：★★★★

操作难度：★★

操作步骤

①活虾放清水中养1小时，洗净，去虾须，开背去虾线备用；干辣椒洗净后切成小段备用；青、红辣椒切片备用；香芹洗净切段备用；土豆洗净，削皮，切条备用；排骨洗净，切块备用。

②坐锅倒植物油，倒入虾过油至头壳半透明，虾蜷成U字形时捞出沥油备用。

③锅内留油，烧至六成热下干辣椒、青辣椒、红辣椒爆香，下虾、土豆、花生、藕片、排骨、香芹翻炒，用精盐、酱油调味。

④炒至手感黏滞，继续翻炒2分钟，淋香油，翻炒均匀即成。

操作要领

清水养虾，不是为了让虾吐出脏物，而是为了析出虾体内残留的海水晶，海水晶是小贩用来配合冰水养虾的化合物。

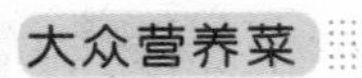

视觉享受：★★★ 味觉享受：★★★★ 操作难度：★★

翡翠虾仁

TIME 20分钟

菜品特点：清香滑嫩 鲜爽适口

主料：虾仁150克，苦瓜适量

配料：鸡蛋1个，枸杞10克，蒜汁、植物油、胡椒粉、水淀粉、精盐、清汤各适量

操作步骤

①打鸡蛋，取蛋清备用；枸杞提前泡发备用。

②虾仁用精盐、胡椒粉、水淀粉及蛋清上浆；苦瓜切片，焯熟。

③锅置火上，放植物油烧至四成热，放入虾仁滑熟，捞出控油；用剩余的精盐、胡椒粉、水淀粉和清汤兑成芡汁。

④锅内留底油，下虾仁、苦瓜、枸杞、蒜汁稍炒，倒入芡汁翻炒至熟即成。

操作要领

腌泡虾仁时，可放入冰箱冷藏1~2小时，以维持虾仁的脆度。

视觉享受：★★★ 味觉享受：★★★ 操作难度：★

虾皮紫菜汤

TIME 20分钟

菜品特点：爽滑鲜香 制作简单

主料：鱼丸50克，虾皮40克，紫菜60克

配料：醋、香油、精盐各适量

操作步骤

①紫菜提前泡发备用；鱼丸解冻备用；倒一碗水，加入虾皮，放入微波炉中加热1分钟。

②取出加热的虾皮汤，放入紫菜、鱼丸、精盐搅匀，再放微波炉中加热半分钟。

③取出后，加醋，香油调味即成。

操作要领

虾皮可以提前用热水泡开。

鲫鱼

挑选与储存

新鲜鲫鱼眼睛略凸，眼球黑白分明，不新鲜的则是眼睛凹陷，眼球浑浊。身体扁平、色泽偏白的肉质比较鲜嫩，不宜买体型过大，颜色发黑的。

性味

性微温，味甘。

营养成分

营养素	含量 /100 克	营养素	含量 /100 克
热量	108.00 千卡	蛋白质	17.10 克
脂肪	2.70 克	碳水化合物	3.80 克
胆固醇	130.00 毫克	维生素 A	17.00 微克
硫胺素	0.04 毫克	核黄素	0.09 毫克
尼克酸	2.50 毫克	维生素 E	0.68 毫克
钙	79.00 毫克	磷	193.00 毫克

食疗功效

1. 鲫鱼所含的蛋白质质优、齐全、易于消化吸收，是肝肾疾病、心脑血管疾病患者的良好蛋白质来源，常食可增强抗病能力。肝炎、肾炎、高血压、心脏病、慢性支气管炎等疾病患者可经常食用。

2. 鲫鱼有健脾利湿、和中开胃、活血通络、温中下气的功效，对脾胃虚弱、水肿、溃疡、气管炎、哮喘、糖尿病有很好的滋补食疗作用；产后妇女炖食用鲫鱼汤，可补虚通乳。

适宜人群

一般人群均可食用。

适宜慢性肾炎水肿、肝硬化腹水、营养不良性浮肿的人食用；适宜孕妇产后乳汁缺少的人食用；适宜脾胃虚弱，饮食不香的人食用。

烹饪技巧

鲫鱼肉嫩味鲜，可做粥、做汤、做菜、做小吃等，尤其适于做汤。

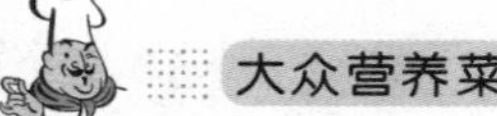

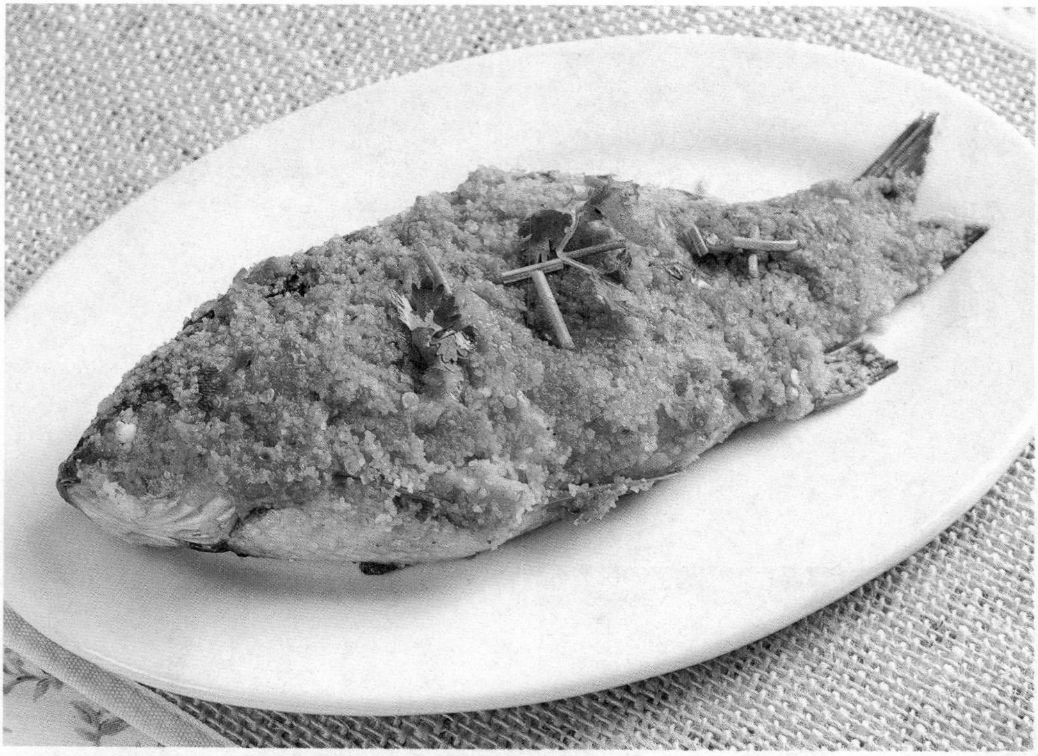

粉蒸鲫鱼

TIME 30分钟

菜品特点

松脆美味
制作简单

视觉享受：★★★
味觉享受：★★★★
操作难度：★★

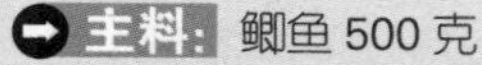

主料： 鲫鱼500克

配料： 糯米粉60克，红辣椒末10克，香油10克，鸡油、江米酒各25克，精盐3克，酱油20克，料酒、植物油各30克，味精1克，香菜15克

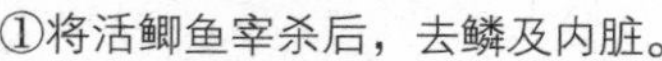

操作步骤

①将活鲫鱼宰杀后，去鳞及内脏。

②把鲫鱼放入精盐、料酒、味精中腌渍10分钟。

③鸡油切成豌豆大的粒。

④在鲫鱼表面涂抹酱油、江米酒、糯米粉、植物油、红辣椒末、香油。

⑤将腌渍好的鲫鱼上笼用大火蒸20分钟取出，翻扣在盘中。

⑥将香菜去老叶，洗净，切成小段，撒在鱼身上即成。

操作要领

香菜通常只是装饰性的作用，因此多洗净后放到菜品中。

视觉享受：★★★ 味觉享受：★★★★ 操作难度：★★

干烧鲫鱼

TIME 20分钟

菜品特点：色泽红亮 口味特别

主料： 鲫鱼500克

配料： 葱花、糖、精盐、辣椒酱、胡椒粉、鸡粉、红油、香菜、植物油各适量

操作步骤

①把鲫鱼清理干净，用糖、胡椒粉、辣椒酱腌渍；香菜切叶备用。

②炒锅放植物油烧热，爆香葱花，加水，加入鸡粉、精盐、胡椒粉，煮至汤汁只剩一半。

③把鱼放入，大火烧开，改用小火烧10分钟，中途将鱼翻转一次。

④把鱼捞出，倒上红油，用香菜装饰即成。

操作要领

在做鱼的时候，用生姜在锅里涂一下可以防止粘锅。

主料： 鲫鱼600克

配料： 葱花50克，蒜汁40克，豆瓣酱40克，糖10克，酱油、醋各10克，红辣椒末15克，水淀粉15克，黄酒25克，精盐2克，高汤300克，植物油500克

操作步骤

①将鱼处理干净，在鱼身两面各切两刀，抹上黄酒、精盐腌渍。

②炒锅上旺火，下植物油烧至七成热，下鱼稍炸后捞起。

③锅内倒入植物油，放豆瓣酱将油炒至红色，放鱼和高汤，移至小火上，再加酱油、糖、红辣椒末、精盐、醋、蒜汁，将鱼烧熟，盛入盘中。

④将锅里的原汁烧沸，放入水淀粉勾芡，淋在鱼身上，撒葱花即可。

操作要领

切鱼的时候，深度要直达鱼骨才可以。

视觉享受：★★★ 味觉享受：★★★★ 操作难度：★★

豆瓣鲫鱼

TIME 40分钟

菜品特点：味辣粒酥 酵香油润

挑选与储存

拿两个蛤蜊相互敲击外壳，可以听声音分辨出哪些是有肉的，哪些是有沙的。

蛤蜊

性味

性寒，味咸。

营养成分

营养素	含量/100克	营养素	含量/100克
水分	80.00克	蛋白质	10.80克
脂肪	0.60克	碳水化合物	4.60克
核黄素	1.15毫克	硫胺素	0.03毫克
磷	82.00毫克	钙	37.00毫克
铁	14.20毫克	尼克酸	1.70克
抗坏血酸	5.00毫克	灰分	3.00克

食疗功效

1. 蛤蜊肉含一种具有降低血清胆固醇作用的代尔太7-胆固醇和24-亚甲基胆固醇，它们兼有抑制胆固醇在肝脏合成和加速排泄胆固醇的独特作用，从而使体内胆固醇下降。
2. 人们在食用蛤蜊和贝类食物后，常有一种清爽宜人的感觉，这对消除一些烦恼症状无疑是有益的。

适宜人群

一般人群均可食用。

高胆固醇、高血脂体质者以及患有甲状腺肿大、支气管炎、胃病等疾病的人尤为适合。有宿疾者应慎食，脾胃虚寒者不宜多吃。

烹饪技巧

蛤蜊等贝类本身极富鲜味，烹制时千万不要再加味精，也不宜多放盐，以免鲜味丧失。蛤蜊最好提前一天用水浸泡才能吐干净泥沙。

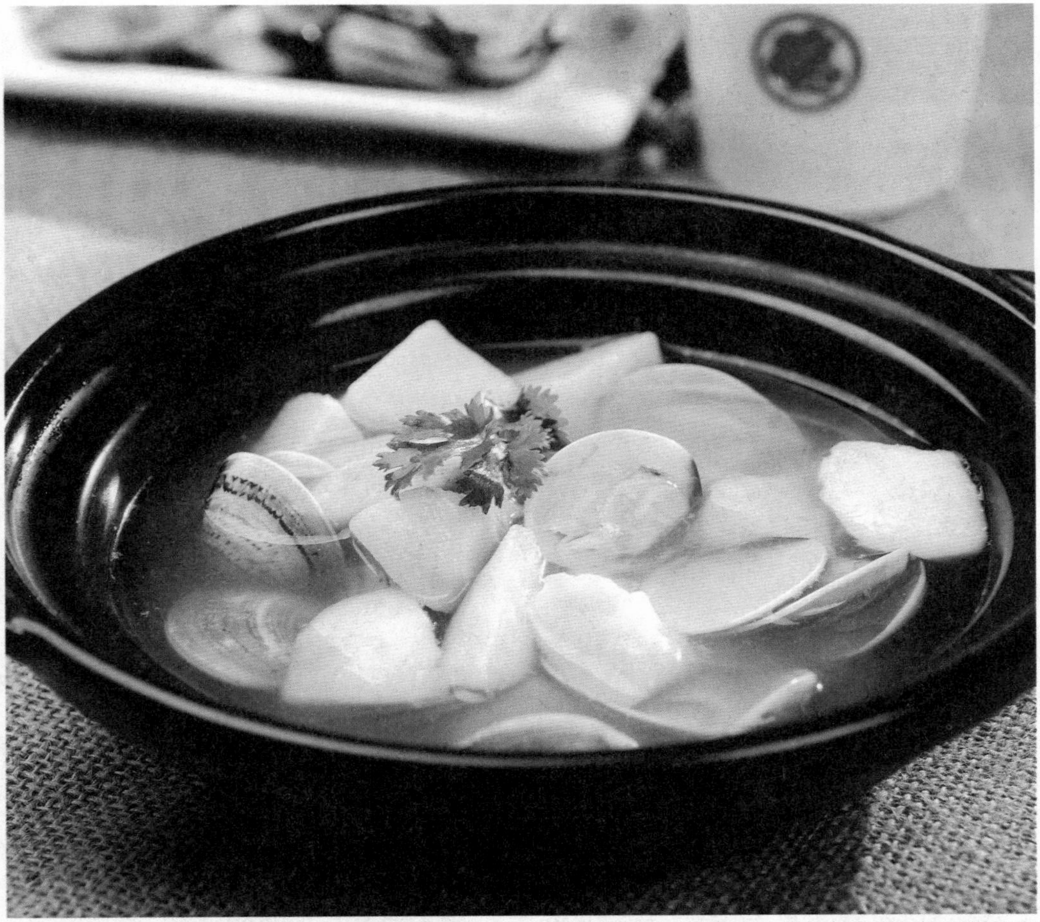

芋头炖文蛤

TIME 150分钟

菜品特点
鲜香味美
浓而不腻

主料： 文蛤250克，山芋200克

配料： 姜汁20克，精盐5克，高汤、料酒、香菜末适量

视觉享受：★★★
味觉享受：★★★★
操作难度：★

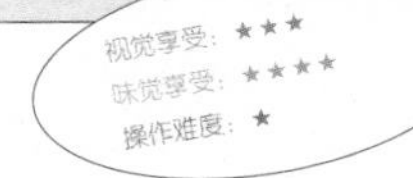

操作步骤

①文蛤用冷水淘洗几次，放入清水中静置2小时吐净泥沙备用；山芋洗净后切块备用。

②锅中倒入高汤，大火煮开，放入山芋块，再放入文蛤，加姜汁、精盐、料酒调味，中火加盖炖煮至熟，出锅撒上香菜末即成。

操作要领

水中放少许麻油能够促使文蛤尽快吐净泥沙。

视觉享受：★★★ 味觉享受：★★★★ 操作难度：★★

辣炒文蛤

TIME 25分钟

菜品特点：香辣可口 操作简单

主料： 文蛤400克

配料： 辣椒酱、植物油、红辣椒、青辣椒、葱、蒜、姜汁、精盐、米酒、酱油、糖、醋、淀粉各适量

操作步骤

①文蛤洗净备用；红辣椒、青辣椒洗净后切段备用；蒜切片备用。

②使用辣椒酱、葱、姜汁、精盐、酱油、糖、醋、淀粉做成调味汁。

③在锅内倒入植物油，加红辣椒、青辣椒、蒜片爆香，待辣椒变色后加入文蛤翻炒片刻，用姜汁调味，注入米酒后加盖蒸煮30秒左右，开盖后淋上调味汁，全部炒匀后即成。

操作要领

把文蛤放在高浓度的盐水内浸2小时，可以让其尽快吐净泥沙。

主料： 蛤蜊500克，鸡蛋3个，面条200克

配料： 小油菜50克，植物油、蒜汁、姜汁、精盐各适量

操作步骤

①准备一盆淡盐水，滴入少许植物油搅拌均匀，将蛤蜊浸泡半天以上吐净泥沙备用；将鸡蛋磕入碗中，加精盐后冲成鸡蛋羹，小油菜洗净后，用热水焯熟。

②锅中倒植物油，加热后把蛤蜊倒入翻炒，加蒜汁、姜汁、精盐调味，炒至蛤蜊张口然后出锅；下面条，放精盐煮熟后捞出。

③将蛤蜊、鸡蛋羹、小油菜、面条盛入碗中即成。

操作要领

冲鸡蛋羹需要用热水。

视觉享受：★★★ 味觉享受：★★★★ 操作难度：★

蛤蜊打卤面

TIME 30分钟

菜品特点：香嫩柔滑 口味独特

鱿鱼

挑选与储存

优质鱿鱼体形完整坚实，呈粉红色，有光泽，体表面略现白霜，肉肥厚，半透明，背部不红。

性味

性酸平，味珍美。

营养成分

营养素	含量 /100 克	营养素	含量 /100 克
脂肪	0.80 克	铁	0.50 毫克
碳水化合物	0.04 克	锌	1.36 毫克
钙	43.00 毫克	铜	0.20 毫克
蛋白质	17.00 克	锰	0.06 毫克
维生素 A	16.00 微克	钾	16.00 毫克

食疗功效

1. 鱿鱼富含钙、磷、铁元素，利于骨骼发育和造血，能有效治疗贫血。
2. 鱿鱼除富含蛋白质和人体所需的氨基酸外，还含有大量的牛磺酸，可抑制血液中的胆固醇含量，缓解疲劳，恢复视力，改善肝脏功能。
3. 鱿鱼所含多肽和硒有抗病毒、抗射线的功效。

适宜人群

一般人均能食用。

脾胃虚寒的人应少吃。患有湿疹、荨麻疹等疾病的人忌食。

烹饪技巧

鱿鱼需煮熟、煮透后再食，因为鲜鱿鱼中有一种多肽成分，若未煮透就食用，会导致肠运动失调。

TIME 30分钟

视觉享受：★★★
味觉享受：★★★★
操作难度：★★

主料： 干鱿300克，烟笋干200克

配料： 香芹20克，红辣椒10克，精盐3克，味精5克，香油5克，料酒2克，鸡粉2克，蒜汁30克，植物油300克，水淀粉适量

操作步骤

①烟笋干用清水泡发，洗净后切条备用；干鱿泡发洗净切窄段备用；红辣椒斜切成窄段备用；香芹切段备用。

②锅内放植物油烧至四成热，放入干鱿、烟笋丝滑油，捞出沥油。

③锅内留底油烧热，加入蒜汁，放入滑好油的主料，烹入料酒，加精盐、味精、鸡粉、红辣椒、香芹翻炒片刻，用水淀粉勾芡后淋香油出锅。

操作要领

烟笋干用冷水泡发为最好。

视觉享受：★★★ 味觉享受：★★★★ 操作难度：★★

干鱿炒双丝

TIME 20分钟

菜品特点：鲜香味美 制作简单

主料： 干鱿鱼150克

配料： 红辣椒丝、青辣椒丝、笋丝、瘦肉丝、香芹、植物油、精盐、胡椒粉、花椒油、蒜汁各适量

操作步骤

①将干鱿鱼泡发洗净，入锅蒸熟，切丝备用；香芹切段。

②锅内倒入植物油烧热，倒蒜汁，下瘦肉丝煸炒，放入鱿鱼丝、笋丝、红辣椒丝、青辣椒丝、香芹段翻炒，用精盐、胡椒粉、花椒油调味后翻炒至熟即成。

操作要领

干鱿鱼不宜久炒。

主料： 新鲜鱿鱼400克，洋葱、木耳各100克

配料： 植物油、番茄酱、精盐、味精、料酒各适量

操作步骤

①把新鲜鱿鱼处理干净，先切出花，再切条备用；洋葱洗净剥皮，切成条状备用；木耳提前泡发，撕小朵备用。

②在锅内加植物油，烧热后放入鱿鱼，倒入料酒去腥。

③倒入番茄酱、洋葱和木耳翻炒，加入精盐、味精调味，炒熟即成。

操作要领

处理新鲜鱿鱼的时候要注意把表面的膜剥掉。

视觉享受：★★★ 味觉享受：★★★★ 操作难度：★★

铁板炒鲜鱿

TIME 30分钟

菜品特点：香味浓郁 制作简单

鲈鱼

挑选与储存

挑选鲈鱼，以重 750 克的鱼为宜，太小肉少，生长的日子不够，太大肉质变粗糙。

性味

性平，味甘。

营养成分

营养素	含量 /100 克	营养素	含量 /100 克
水分	78.00 克	蛋白质	17.50 克
脂肪	3.10 克	碳水化合物	0.40 克
钙	56.00 毫克	磷	131.00 毫克
核黄素	0.23 毫克	维生素 A	180.00 微克
铁	1.20 毫克	烟酸	1.70 毫克

食疗功效

1. 鲈鱼富含蛋白质、维生素 A、维生素 B、钙、镁、锌、硒等营养元素。具有补肝肾、益脾胃、化痰止咳的功效，对肝肾不足的人有很好的补益作用。

2. 鲈鱼还可治胎动不安、少乳等症，是健身补血、健脾益气的佳品。

3. 鲈鱼血中含有较多的铜元素，铜能维持神经系统的正常功能和参与数种物质代谢的关键酶的功能发挥，铜元素缺乏的人可食用鲈鱼来补充。

适宜人群

一般人群均可食用。

适宜贫血头晕、妇女妊娠水肿、胎动不安的人食用。患有皮肤病、疮肿者忌食。

烹饪技巧

将鱼去鳞剖腹洗净后，放入盆中倒一些黄酒，就能除去鱼的腥味，并能使鱼滋味鲜美。

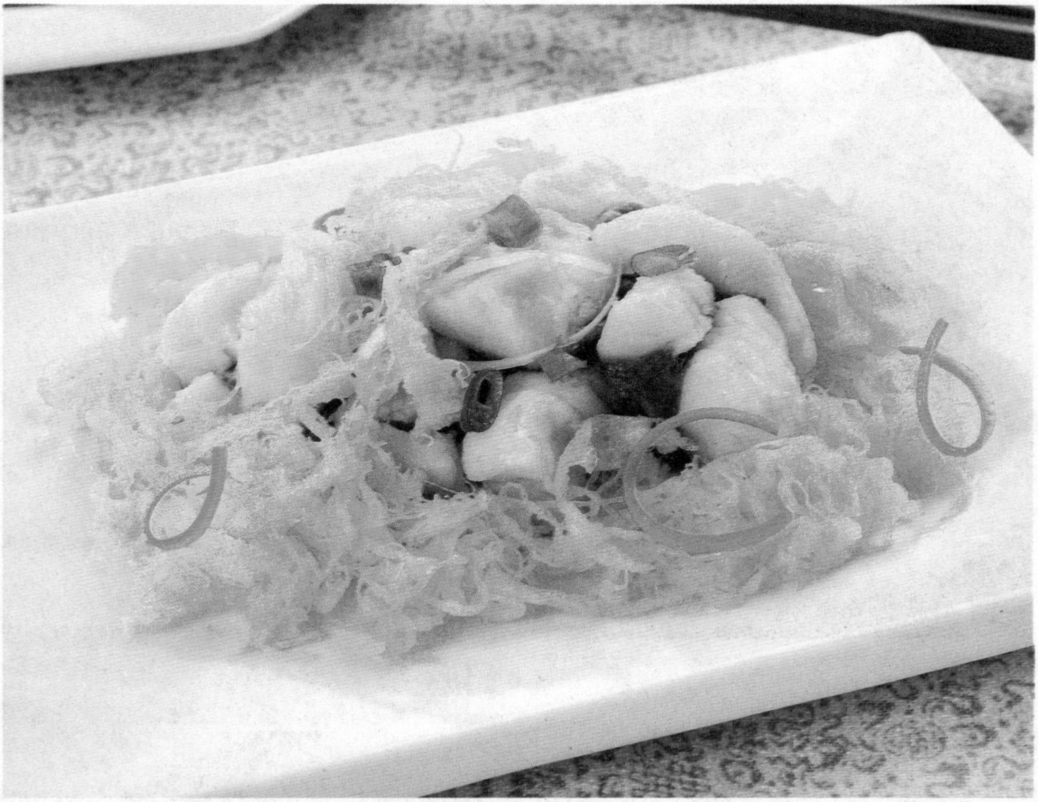

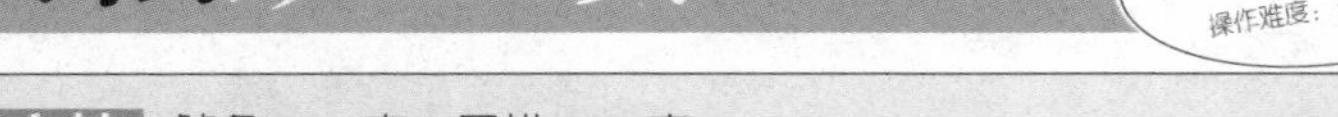

蛋松鲈鱼块

TIME 40分钟

菜品特点：味美鲜香 回味悠长

视觉享受：★★★
味觉享受：★★★★
操作难度：★★★

主料： 鲈鱼300克，蛋松250克

配料： 葱白20克，红辣椒10克，香油10克，精盐8克，姜15克，葱25克，料酒25克，胡椒粉、味精各2克，植物油适量

操作步骤

①将鲈鱼处理干净，剔骨后切成小块备用；姜、葱切末备用；葱白洗净后剥皮，切丝备用；红辣椒切丝备用。

②将炒锅置于旺火加热，倒入植物油烧至八成热时，下姜、葱末爆香。

③随即放入鲈鱼块，倒入料酒，加盖稍焖，再加入精盐、味精、胡椒粉，翻炒5分钟。

④放入洋葱丝翻炒一会，加入蛋松，改用小火烧半小时，待鱼熟透，汤汁变得浓稠，除去葱、姜，淋入香油，盛在盘内，撒上红辣椒丝、葱末即成。

操作要领

鲈鱼处理的时候要注意刮干净鳞片和内脏。

视觉享受：★★★ 味觉享受：★★★★ 操作难度：★★★

酸辣鱼羹

TIME 40分钟

主料： 鲈鱼500克

配料： 鸡蛋150克，胡萝卜50克，冬笋15克，姜汁、精盐、高汤、味精、黄酒、胡椒粉、醋、湿淀粉、香油、葱花各适量

操作步骤

①把鱼处理干净备用；冬笋削皮、洗净切丝备用；胡萝卜切丝备用。

②将鱼放到蒸笼中蒸熟取出，剔净鱼骨，鱼肉撕成肉丝。

③炒锅放旺火上，添入高汤，打入鸡蛋，放入姜汁、胡萝卜丝、冬笋丝、葱花和鱼肉，再加精盐、味精、黄酒、胡椒粉调味。

④待汤沸后，用醋将湿淀粉兑开倒入汤内，出锅前淋入香油。

操作要领

肉丝厚度应该不超过0.5厘米。

主料： 鲈鱼500克

配料： 香油、榨菜、蒜汁、姜汁、精盐、酱油各适量

操作步骤

①鲈鱼宰杀后清洗干净，剔骨切成段备用；榨菜切丝备用。

②在鱼肉上撒蒜汁、姜汁，精盐和酱油混合后，浇在鱼肉上，腌1小时左右。

③榨菜丝放到鲈鱼上，将鲈鱼放到蒸锅中蒸10分钟，熄火后再焖5分钟。

④出锅后淋上香油即成。

操作要领

鲈鱼没有腥味，因此最适合清蒸。

视觉享受：★★★ 味觉享受：★★★★ 操作难度：★★★

榨菜蒸鲈鱼

TIME 90分钟

草鱼

挑选与储存

眼睛饱满凸出、角膜透明清亮，鳃丝呈鲜红色，黏液透明，具有淡水鱼的土腥味的是新鲜鱼。

性味

性温，味甘，无毒。

营养成分

营养素	含量 /100 克	营养素	含量 /100 克
蛋白质	16.60 克	脂肪	5.20 克
硫胺素	0.04 毫克	核黄素	0.11 毫克
维生素 A	11.00 微克	胆固醇	86.00 毫克
维生素 E	2.03 克	钙	38.00 毫克
硒	6.66 微克	烟酸	2.80 毫克
镁	31.00 毫克	铁	0.80 毫克

食疗功效

1. 草鱼含有丰富的不饱和脂肪酸，对血液循环有利，是心血管病人的良好食物。

2. 草鱼含有丰富的硒元素，经常食用有抗衰老、养颜的功效，而且对肿瘤也有一定的防治作用。

3. 对于身体瘦弱、食欲不振的人来说，草鱼肉嫩而不腻，可以开胃、滋补。

适宜人群

一般人群均可食用。

尤其适宜虚劳、风虚头痛、肝阳上亢的高血压、头痛、久疟、心血管等病人。

烹饪技巧

草鱼要新鲜，煮时火候不能太大，以免把鱼肉煮散。

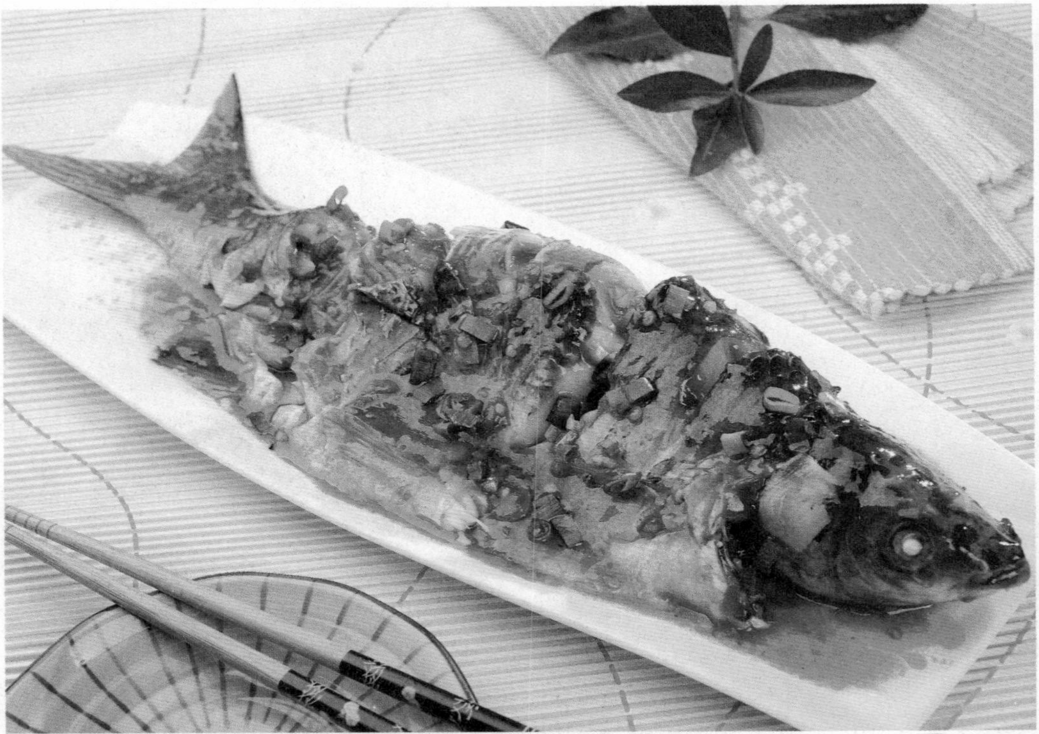

豆瓣烧草鱼

TIME 30分钟

菜品特点

鲜香可口 外焦里嫩

视觉享受：★★★
味觉享受：★★★★
操作难度：★★★

主料： 草鱼500克

配料： 精盐3克，黄豆15克，白糖5克，米醋、料酒、酱油、红辣椒、葱、姜、蒜、植物油各适量

操作步骤

①鱼去除内脏后洗净，在鱼身两侧划上两刀，用料酒和精盐腌5分钟，锅中的植物油烧至八成热时，放入鱼双面煎成金黄色后捞出备用；葱切成末备用；红辣椒、葱、姜、蒜切末备用；黄豆提前泡发洗净备用。

②将锅中的植物油烧至五成热，放入姜末、蒜末爆香，放入红辣椒煸炒一下，加黄豆，倒适量清水，再加酱油、米醋、精盐、白糖把酱汁调匀，放入煎好的草鱼，换成小火将汤汁收浓，盛出装盘，撒上葱末点缀即成。

操作要领

在煎鱼之前，先在鱼身上抹上薄薄的一层精盐，这样，鱼皮就会失去水分变硬，再去煎，就不会破皮了。

视觉享受：★★★ 味觉享受：★★★★ 操作难度：★

腐竹焖草鱼

TIME 30分钟

主料： 草鱼500克，腐竹200克

配料： 精盐、鸡精、葱、姜汁、料酒、生抽、淀粉、植物油各适量

操作步骤

①将草鱼洗净后切块备用；腐竹泡发备用；葱切末备用。

②用盐、料酒、鸡精、姜汁配制酱汁，腌渍鱼块，用淀粉在鱼块上上浆；锅内加植物油，加热后放入一部分葱末爆香，放入鱼块煎至金黄色。

③下腐竹，加清水、料酒、精盐、生抽、姜汁，将鱼焖熟。

④起锅前用鸡精调味，撒葱末即成。

操作要领

腐竹不宜用热水泡发。

主料： 草鱼300克

配料： 精盐、料酒、辣椒粉、胡椒粉、孜然粉、白芝麻各适量

操作步骤

①把草鱼处理干净，剔骨切成段。

②用精盐、胡椒粉、料酒腌渍。

③穿串后放到烤炉内烤制。

④撒上适量的辣椒粉、孜然粉、白芝麻即成。

操作要领

草鱼烤的时间不宜太长。

视觉享受：★★★ 味觉享受：★★★★ 操作难度：★

孜然鱼串

TIME 30分钟

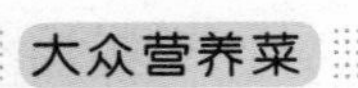

螃蟹

挑选与储存

手感重的为肥壮的蟹。此方法不适用于河蟹和活的海蟹，因为这些蟹常常会被五花大绑。

性味

性寒，味咸。

营养成分

营养素	含量 /100 克	营养素	含量 /100 克
蛋白质	17.50 克	脂肪	2.60 克
碳水化合物	2.30 克	胆固醇	267.00 毫克
维生素 A	389.00 毫克	硫胺素	0.06 毫克
核黄素	0.28 毫克	烟酸	1.70 毫克
维生素 E	6.09 毫克	钙	126.00 毫克

食疗功效

1. 螃蟹含有丰富的蛋白质及微量元素，对身体有很好的滋补作用。
2. 螃蟹还有抗结核作用，吃蟹对结核病的康复大有补益。
3. 蟹中含有较多的维生素 A，对皮肤的角化有帮助。

适宜人群

一般人群均可食用。

适宜跌打损伤、筋断骨碎、瘀血肿痛、产妇胎盘残留、孕妇临产阵缩无力者食用，尤以蟹爪为好。

烹饪技巧

蒸蟹时应将蟹捆住，防止蒸后掉腿和流黄。生螃蟹去壳时，先用开水烫 3 分钟，这样蟹肉很容易取下，且不浪费。

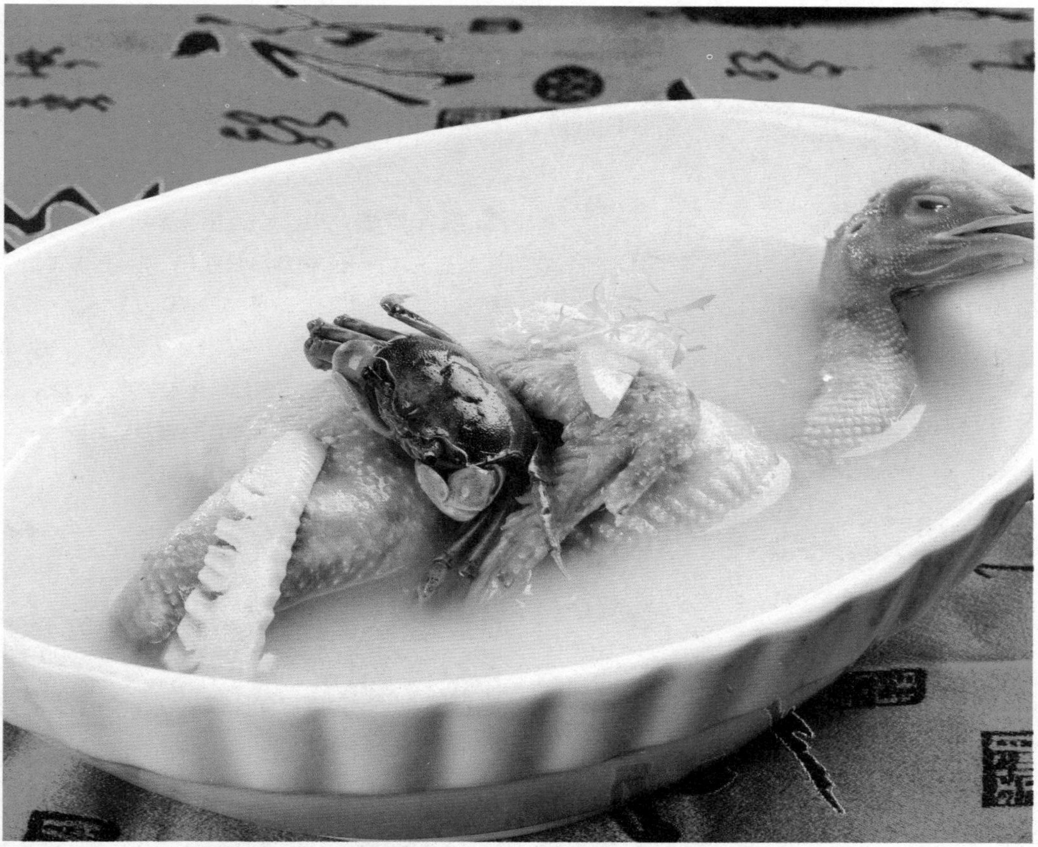

醉蟹炖鸡

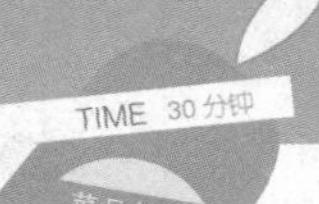

视觉享受：★★★
味觉享受：★★★★
操作难度：★★

TIME 30分钟

菜品特点
芳香无腥
蟹味鲜美

主料： 净鸡（已处理好的）500克，螃蟹200克

配料： 冬笋50克，糖50克，精盐15克，高汤300克，蒜汁20克，花雕酒200克，生抽30克，姜汁10克

操作步骤

①活螃蟹在流水下用牙刷刷净各处，放进冰箱冷冻室用冰冻方法冻死，放到流水下再仔细清洗一遍，晾干备用；冬笋洗净削皮，切片备用。

②用花雕酒、生抽、糖、姜汁、蒜汁、精盐做成调料。

③所有调料入碗调匀，放入螃蟹浸泡24小时。

④炖锅中加入高汤，放入做好的调料后，把鸡、冬笋放入锅中煮沸，然后把浸泡好的螃蟹放入锅中炖熟即成。

操作要领

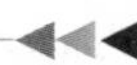

螃蟹一定要用活的，所用的花雕酒是必不可少的。

肉酱粉丝烧蟹

主料： 螃蟹 300 克，肉酱 100 克，粉丝适量

配料： 葱 10 克，姜汁、蒜汁、生抽、鸡汤、胡椒粉、料酒、精盐、白糖、香油、植物油各适量

操作步骤

①葱洗净后切末备用；粉丝泡开备用。

②蟹宰杀干净，斩成块备用。

③中火加热锅里的植物油，待油烧至八成热时，将蟹肉炸至红透，捞出沥干油分。

④锅中留底油，烧热后，倒入姜汁、蒜汁，加入蟹肉、肉酱翻炒均匀，放入粉丝略炒，倒入鸡汤，盖上锅盖煮 3 分钟左右，再调入生抽、精盐、白糖、胡椒粉、料酒搅拌均匀，滴上香油即可。

操作要领

粉丝需要浸泡 20 分钟。

主料： 螃蟹 300 克

配料： 银耳、鱼丸、冬笋、胡萝卜、蒜汁、姜汁、精盐、植物油、白糖、高汤、米酒各适量

操作步骤

①螃蟹洗净备用；银耳泡发备用；鱼丸解冻备用；胡萝卜洗净削皮切片备用；冬笋切段备用。

②坐锅倒植物油加热，下蒜汁、姜汁爆香，放入胡萝卜片、冬笋、螃蟹翻炒，烹入米酒，加精盐、白糖、高汤，倒入适量开水小火慢炖。

③将鱼丸放入蟹锅中，加入银耳煮熟即成。

操作要领

银耳使用热水泡发较好。

金秋日蟹锅

带鱼

挑选与储存

质量好的带鱼，体表富有光泽，全身鳞全，鳞不易脱落，翅全，无破肚和断头现象。

性味

性微温，味甘。

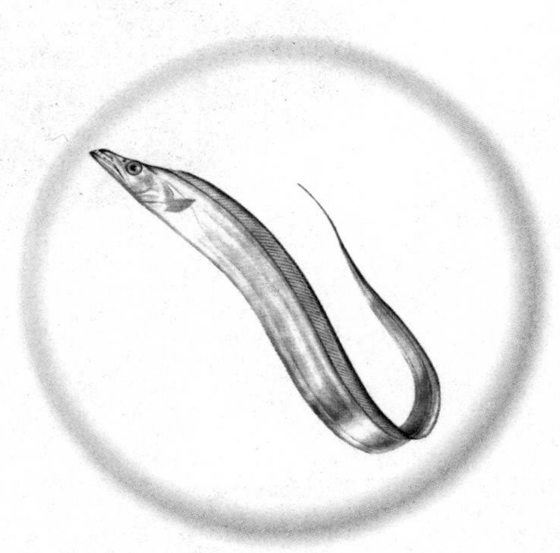

营养成分

营养素	含量 /100 克	营养素	含量 /100 克
蛋白质	21.20 克	脂肪	1.70 克
碳水化合物	0.20 克	维生素 A	63.00 微克
灰分	1.00 克	硫胺素	0.03 毫克
核黄素	0.10 克	钾	338.00 毫克
钠	207.10 毫克	硒	52.40 微克

食疗功效

1. 带鱼的脂肪含量高于一般鱼类，且多为不饱和脂肪酸，这种脂肪酸的碳链较长，具有降低胆固醇的作用。

2. 带鱼全身的鳞和银白色油脂层中还含有一种抗癌成分 6-硫代鸟嘌呤，对辅助治疗白血病、胃癌、淋巴肿瘤等有益。

3. 经常食用带鱼，具有补益五脏的功效。

4. 带鱼含有丰富的镁元素，对心血管系统有很好的保护作用，有利于预防高血压、心肌梗死等心血管疾病。常吃带鱼还有养肝补血、泽肤养发、健美的功效。

适宜人群

一般人群均能食用。

适宜久病体虚、血虚头晕、气短乏力、食少羸瘦、营养不良、皮肤干燥之人食用。

烹饪技巧

带鱼一般适合煎炸。

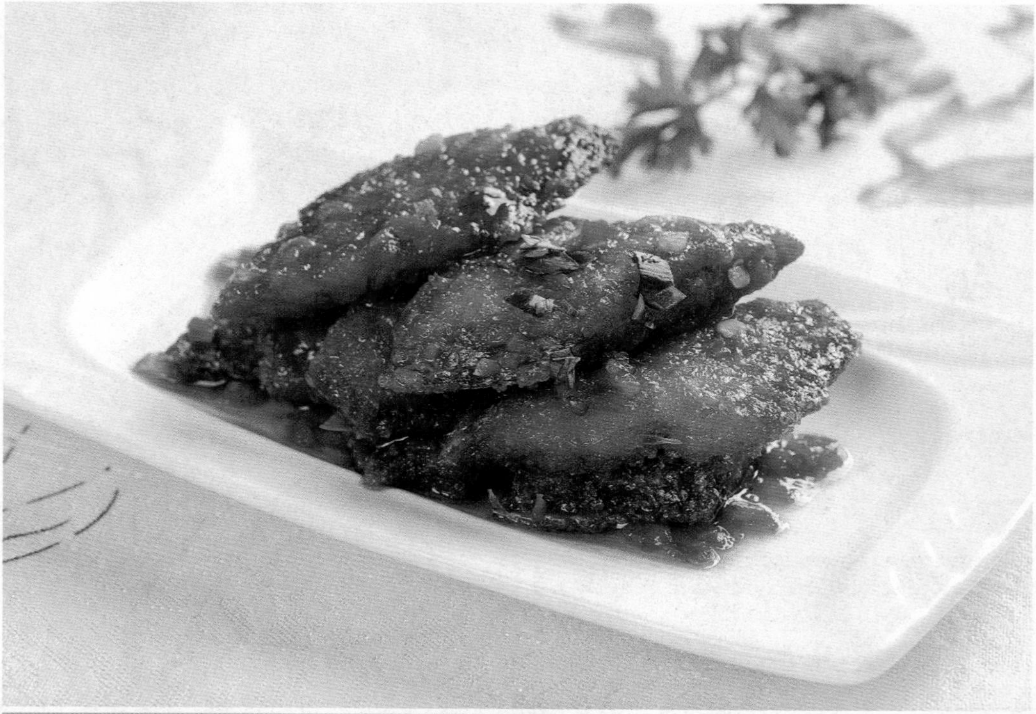

干烧带鱼

TIME 40分钟

菜品特点
香气扑鼻
肉质滑嫩

主料： 带鱼500克

配料： 葱、精盐、酱油、姜、花椒油、醋、红辣椒、蒜汁、白酒、糖、植物油各适量

视觉享受：★★★
味觉享受：★★★★
操作难度：★★

操作步骤

①带鱼去内脏，洗净切块，放入碗中，撒入精盐、花椒油，淋入白酒，搅拌均匀后腌渍10分钟；红辣椒、葱、姜切成碎末备用。

③锅中倒植物油，当油温达到八成热时，放入带鱼块煎到两面金黄后捞出。

④将煎好的带鱼盛出，锅中留少许底油，倒入葱末、姜末爆香；加入红辣椒翻炒一下。

⑤倒入适量清水，再加入蒜汁、酱油、醋、糖，把酱汁调匀，放入煎过的带鱼，大火烧开转成中小火将汤汁收浓。

⑥起锅装盘后放入葱末点缀即成。

操作要领

在带鱼上拍上一层淀粉可以防止粘锅。

视觉享受：★★★ 味觉享受：★★★★ 操作难度：★★

煎蒸带鱼

TIME 40分钟

菜品特点：酥脆美味 口中留香

主料： 带鱼500克

配料： 植物油50克，淀粉20克，洋葱10克，酱油5克，香油2克，精盐2克，姜汁3克，蒜汁15克，高汤40克

操作步骤

①处理干净带鱼，切段，并在鱼段两面划几道直刀口，裹上精盐和淀粉备用；洋葱切丝备用。

②锅坐旺火，加植物油烧热，下鱼块煎至两面金黄后出锅。

③带鱼装盘，浇高汤、酱油，放精盐、蒜汁、姜汁、洋葱丝上屉蒸半小时。

④出笼后加香油即成。

操作要领

带鱼要剔除鱼鳃和内脏部分。

主料： 带鱼600克、腊肠300克

配料： 红辣椒、青辣椒、蒜、豆瓣酱、蒸鱼豉油、精盐、料酒、糖各适量

操作步骤

①带鱼刮鳞、洗净，切段后备用；腊肠切丁备用；红辣椒、青辣椒、蒜切碎备用。

②将腊肠丁、红辣椒、青辣椒和蒜混合，加入豆瓣酱、蒸鱼豉油、料酒、精盐、糖搅拌均匀做成酱料。

③将酱料均匀涂抹到鱼身上。

④放入微波炉中，加热至熟即成。

操作要领

带鱼切段的时候要两面各划两刀，保证酱汁渗入鱼肉。

视觉享受：★★★ 味觉享受：★★★★ 操作难度：★★★

腊味蒸带鱼

TIME 30分钟

菜品特点：色泽红亮 口感酥香

鲅鱼

挑选与储存

选鲅鱼时，要观其色，颜色越“青”的越好。

性味

性平，味甘。

营养成分

营养素	含量 /100 克	营养素	含量 /100 克
蛋白质	21.20 克	脂肪	3.10 克
碳水化合物	2.10 克	胆固醇	75.00 毫克
钾	370.00 毫克	磷	130.00 毫克
钠	74.20 毫克	钙	35.00 毫克
维生素 E	0.71 毫克	锌	1.39 毫克

食疗功效

1. 鲅鱼肉质细腻、味道鲜美、营养丰富，含丰富的蛋白质、维生素 A、矿物质（主要是钙）等营养元素。

2. 鲅鱼有补气、平咳的作用，对体弱咳喘有一定疗效。

3. 鲅鱼还具有提神和防衰老等食疗功效，常食对治疗贫血、早衰、营养不良、产后虚弱和神经衰弱等症会有一定的辅助疗效。

适宜人群

一般人都可食用。

尤适宜体弱咳喘、贫血、早衰、营养不良、产后虚弱和神经衰弱等症人群。

烹饪技巧

鲅鱼适宜红焖、清炖，其肉还可制馅。

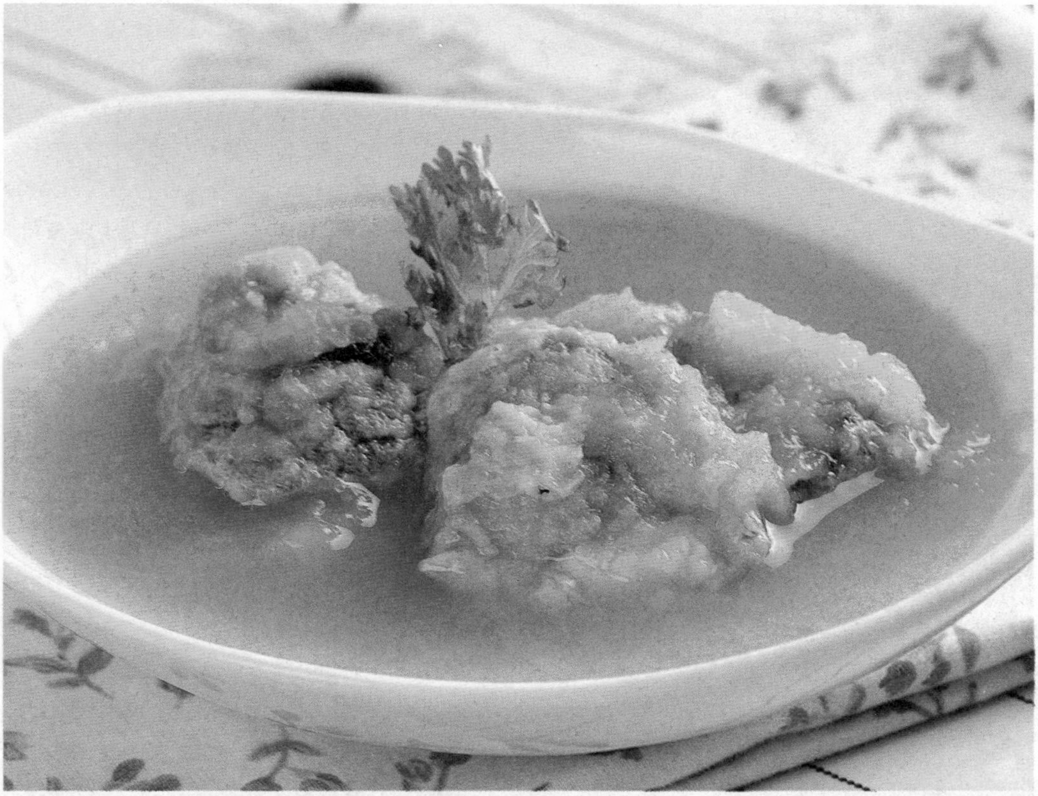

金瓜汁烩鲅鱼

TIME 40分钟

菜品特点
香而不腻
柔软细嫩

主料： 鲅鱼150克，南瓜200克

配料： 香菜、精盐、姜汁、蒜汁、水淀粉、生抽、植物油各适量

视觉享受：★★★
味觉享受：★★★★
操作难度：★★

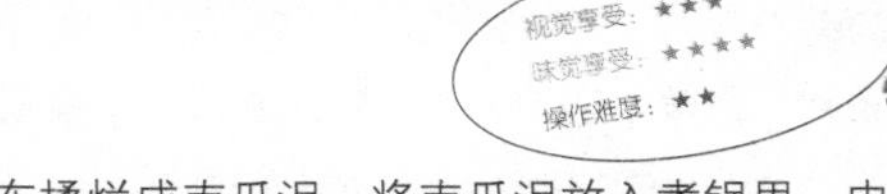

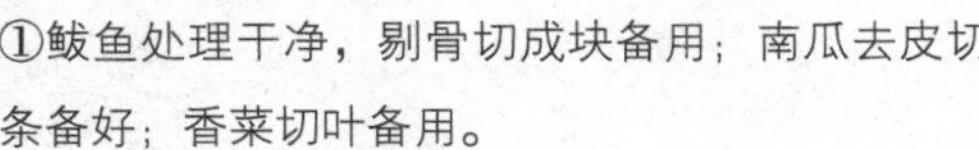

操作步骤

①鲅鱼处理干净，剔骨切成块备用；南瓜去皮切条备好；香菜切叶备用。

②鲅鱼块用厨房纸吸干水分，两面撒上水淀粉，用姜汁、蒜汁、精盐、生抽腌渍10分钟入味。

③锅中倒入植物油烧热，放入鱼块煎至两面微黄盛出。

④南瓜放入微波炉中高火加热5分钟后取出，用纱布揉烂成南瓜泥，将南瓜泥放入煮锅里，中火加热5分钟，勾入水淀粉，熬成浓稠的汤汁。

⑤将煎好的鱼排放入碟中，淋上汤汁，用香菜装饰即成。

操作要领

炸鱼排尽量时间控制在2分钟内。

视觉享受：★★★　味觉享受：★★★★　操作难度：★

鲅鱼白萝卜

TIME　30分钟

主料： 白萝卜、鲅鱼各 200 克

配料： 香菜、植物油、蒜汁、姜汁、精盐、香油、胡椒粉、料酒、高汤各适量

操作步骤

①将鲅鱼处理干净，切块入锅烹炸备用；香菜切末备用；白萝卜切滚刀块，用开水焯一下捞出。

②锅内注植物油烧热，倒入蒜汁、姜汁，放入鱼块、白萝卜块，加高汤炖熟，去浮沫，加精盐、香油、胡椒粉、料酒调味。

③出锅加入香菜末装饰即成。

操作要领

鲅鱼炸至金黄色便可捞出。

视觉享受：★★★　味觉享受：★★★★　操作难度：★★

蒜苔干烧鲅鱼

TIME　40分钟

主料： 鲜鲅鱼 500 克，蒜苔适量

配料： 红辣椒、火腿、蒜汁、姜汁、老抽、料酒、糖、精盐、鸡精、植物油各适量

操作步骤

①蒜苔择洗干净，切成小段备用；火腿切丁备用；鲜鲅鱼收拾干净，去头在两面割几刀备用；红辣椒切末备用。

②炒锅加植物油烧热，倒入蒜汁、姜汁，放入蒜苔、红辣椒、火腿丁煸炒一会，炒出香味时加入鲅鱼。

③在锅中加入老抽、料酒、糖、精盐、鸡精和足量的开水。

④大火煮开，然后转入小火慢炖 15 分钟，待汤汁少而浓时，出锅即成。

操作要领

吃的时候搭配米饭，味道更佳。

美颜果品类

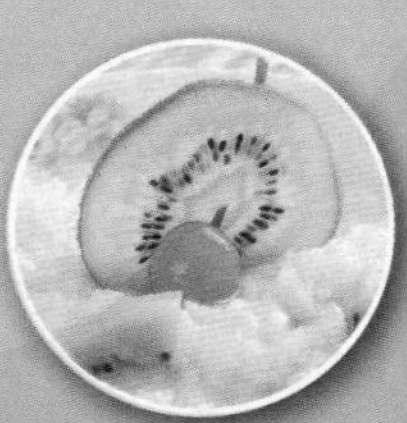

挑选与储存

挑选红富士可看苹果柄是否有同心圆，有的话则日照充分，比较甜。此外，看苹果身上是否有条纹，条纹越多的越好。

苹果

性味

性平，味甘、酸。

营养成分

营养素	含量 /100 克	营养素	含量 /100 克
热量	54.00 千卡	蛋白质	0.20 克
脂肪	0.10 克	碳水化合物	12.30 克
粗纤维	0.10 克	尼克酸	0.20 毫克
灰分	0.20 克	维生素 A	3.00 微克
胡萝卜素	20.00 微克	维生素 C	4.00 毫克
硫胺素	0.06 毫克	核黄素	0.02 毫克

食疗功效

1. 苹果中的胶质和微量元素铬既能保持血糖的稳定，也能有效降低胆固醇。

2. 在空气污染的环境中，多吃苹果可改善呼吸系统和肺功能，保护肺部免受污染和烟尘的影响。

3. 苹果中所含的多酚及黄酮类天然化学抗氧化物质，可以减少肺癌的危险，预防铅中毒。

4. 苹果特有的香味可以缓解压力过大造成的不良情绪，还有提神醒脑的功效。

适宜人群

一般人群均可食用。

慢性胃炎、消化不良、气滞不通者，便秘、慢性腹泻、神经性结肠炎患者，高血压、高血脂和肥胖患者，癌症患者，贫血和维生素缺乏者，尤其适合。

烹饪技巧

苹果可用来榨汁，也可做沙拉，还可以同肉类一起炒制，常做的有拔丝苹果。

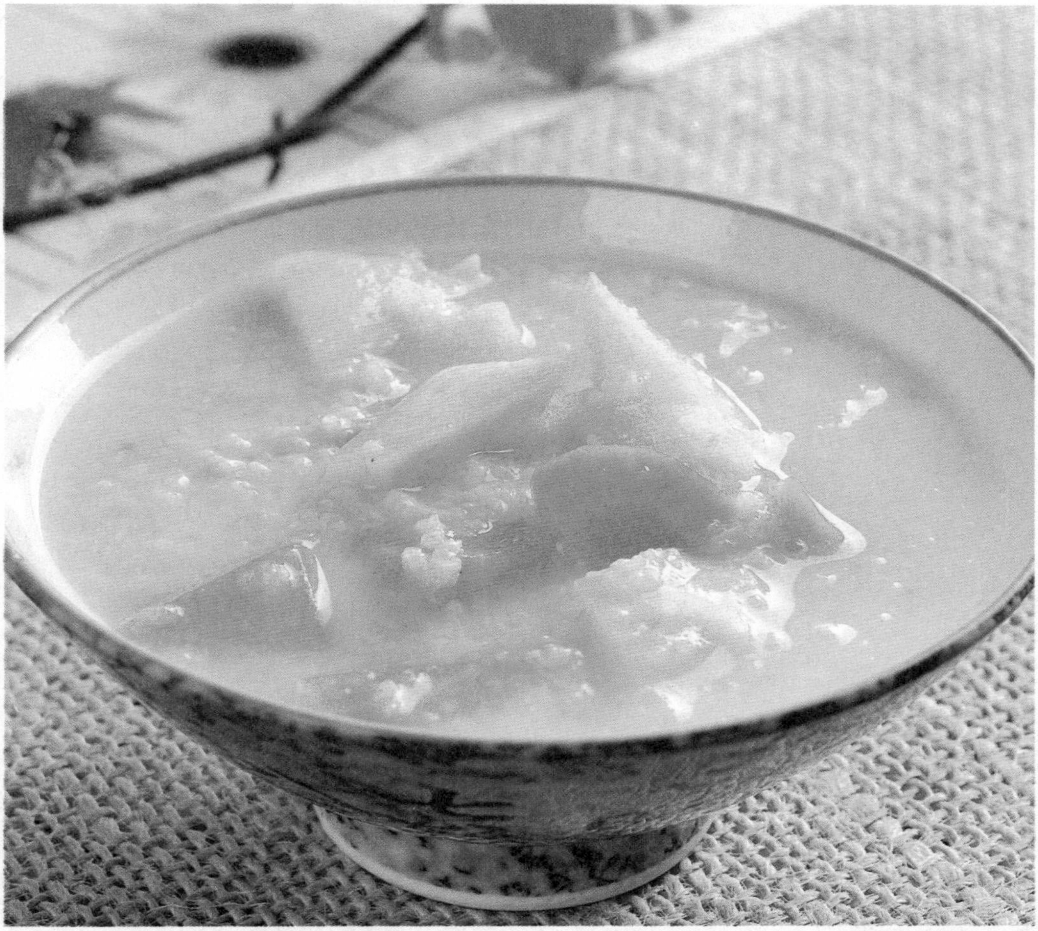

苹果萝卜牛奶粥

TIME 40分钟

菜品特点

色泽鲜艳 营养丰富

主料： 苹果、胡萝卜各25克，牛奶100克，大米100克

配料： 白糖适量

视觉享受：★★★★★
味觉享受：★★★★★
操作难度：★

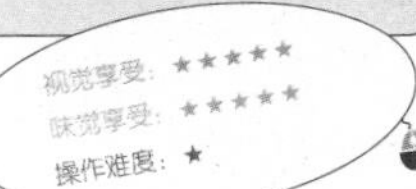

操作步骤

①胡萝卜、苹果洗净，切小块备用；大米淘净。

②锅置火上，注入清水，放入大米煮至八成熟，放入胡萝卜、苹果继续熬煮，最后倒入牛奶稍煮，加白糖调匀即可。

操作要领

大米在煮之前也可以放入清水中浸泡一段时间。

拔丝苹果

主料： 苹果300克

配料： 鸡蛋3个，植物油、淀粉、白糖各适量

操作步骤

①苹果去皮、籽，洗净后切成块状。

②鸡蛋打散加淀粉和适量水搅拌成糊状，均匀地抹在苹果上。

③锅中放植物油，烧至八成热时将挂好糊的苹果下锅炸至金黄色，捞出控油。

④锅底留油，加白糖不断搅拌，至糖溶化呈黏稠状时将苹果下锅拌匀，使苹果周身都有糖液时快速盛出即成。

操作要领

熬糖液时既要开小火，还要不停地搅拌，否则很容易粘锅。

主料： 苹果150克，咖喱块50克，米饭适量

配料： 胡萝卜100克，土豆、瘦肉各50克，洋葱20克，植物油适量，葱花少许

操作步骤

①所有配料洗净，瘦肉、洋葱切丁备用；苹果、土豆、胡萝卜去皮后切丁备用。

②锅中加适量油，放入瘦肉丁和洋葱丁翻炒，至肉变色洋葱煸出香味时，放入苹果丁、土豆丁、胡萝卜丁一起翻炒2分钟。

③加入适量清水，煮沸后转中小火继续煮10分钟左右后关火，放入咖喱块，待完全溶解后，小火炖煮5分钟，待咖喱呈浓稠状时，将煮好的咖喱浇在蒸好的热米饭上，撒上葱花即成。

操作要领

也可在饭上撒少许香草碎，以增加风味。

苹果咖喱饭

柠檬

挑选与储存

优质柠檬个头中等，果形椭圆，两端均突起而稍尖，似橄榄球状，成熟者皮色鲜黄，具有浓郁的香气。

性味

性平，味酸、甘。

营养成分

营养素	含量/100克	营养素	含量/100克
热量	37.00千卡	蛋白质	1.10克
脂肪	1.20克	碳水化合物	6.20克
不溶性纤维	1.30克	胆固醇	1.00毫克
灰分	0.50克	维生素A	1.00微克
胡萝卜素	1.00微克	视黄醇	1.00微克
硫胺素	0.05毫克	核黄素	0.02毫克
尼克酸	0.60毫克	维生素C	82.00毫克
维生素E	1.14毫克	钙	101.00毫克

食疗功效

1.柠檬含有烟酸和丰富的有机酸，其味极酸，柠檬酸汁有很强的杀菌作用。

2.柠檬富有香气，能祛除肉类、水产的腥膻之气，并能使肉质更加细嫩。

3.柠檬还能促进胃中蛋白分解酶的分泌，增加胃肠蠕动。

适宜人群

一般人群均可食用。

暑热口干舌燥、消化不良者，维生素C缺乏者，胎动不安的孕妇，肾结石患者，高血压、心肌梗死患者适宜食用。

烹饪技巧

可以把剩余的柠檬用保鲜纸包好放进冰箱，这是最简单又最容易的保鲜方法。

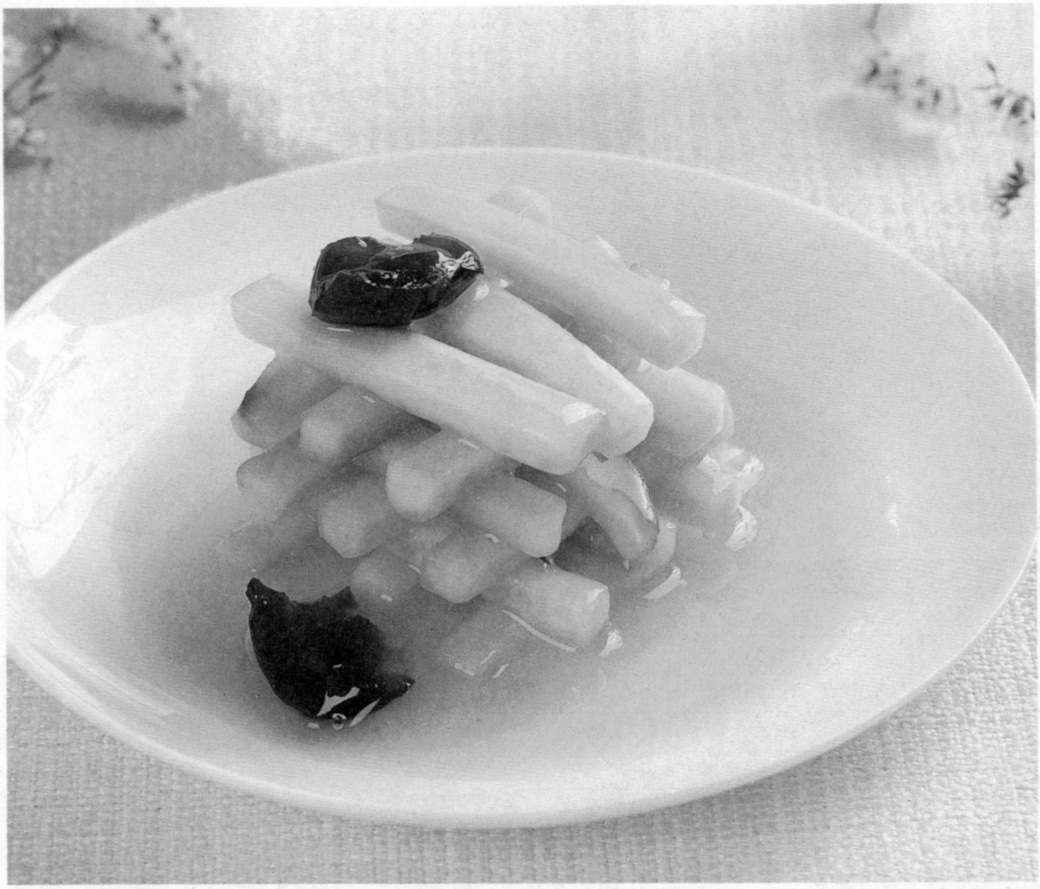

蜜枣柠檬瓜条

TIME 30分钟

菜品特点
口感柔滑
酸甜适口

主料： 柠檬50克，蜜枣100克，冬瓜适量

配料： 蜂蜜适量

视觉享受：★★★
味觉享受：★★★★
操作难度：★

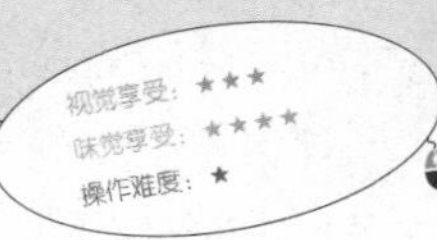

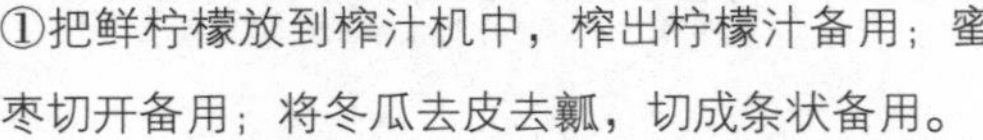

操作步骤

①把鲜柠檬放到榨汁机中，榨出柠檬汁备用；蜜枣切开备用；将冬瓜去皮去瓤，切成条状备用。

②锅置火上加适量水，把切好的冬瓜条倒入水中焯烫至七分熟。

③冬瓜焯烫后放入冷水中激一下，让其保持脆爽。

④沥干水分，冬瓜条放入盘中浇柠檬汁。

⑤加蜜枣、蜂蜜即成。

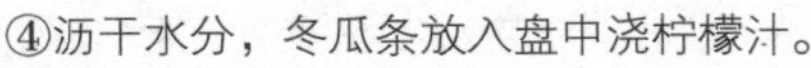

操作要领

冬瓜中软的部分最好不用。

视觉享受：★★★ 味觉享受：★★★ 操作难度：★★

柠檬软炸鸡

TIME 30分钟

菜品特点：肉质细嫩 口感清爽

主料： 鸡脯肉400克

配料： 葱、植物油、料酒、精盐、柠檬、香柠酱、玉米淀粉、姜汁、蒜汁、白胡椒粉、白糖、蚝油各适量

操作步骤

①把鸡脯肉切成块，放入适量的精盐、料酒腌渍15分钟；柠檬榨汁备用；葱切末备用。

②将鸡块放入用水调好的玉米淀粉糊中挂浆。

③起锅放入植物油，油温升高后改用中小火，将鸡肉逐个放入，炸至金黄色捞出，把火调大，将所有鸡肉重新倒入锅中炸制后捞出装盘。

④锅中留少许底油，把香柠酱倒入锅中，加入少量水稀释一下，放入葱、姜汁、蒜汁、柠檬汁、白胡椒粉、白糖、蚝油，稍煮一下出锅，淋到炸好的鸡块上即成。

操作要领

如果时间来不及，可以用购买的柠檬汁制作。

主料： 梨300克，柠檬蜜150克，肉桂20克，柠檬20克

配料： 枸杞、冰糖适量

操作步骤

①将梨去皮，切成块备用；柠檬切丝备用。

②肉桂、枸杞下锅煮熟备用。

③将肉桂、梨、枸杞放到杯中，加柠檬蜜、冰糖、柠檬丝即成。

操作要领

食用之前冰镇效果更好。

视觉享受：★★★ 味觉享受：★★★ 操作难度：★

肉桂柠檬梨

TIME 20分钟

菜品特点：口感鲜爽 入口即化

山楂

挑选与储存

山楂表皮上多有点。果点密而粗糙的酸，小而光滑的甜。

性味

性微温，味甘、酸。

营养成分

营养素	含量 /100 克	营养素	含量 /100 克
水分	73.00 克	蛋白质	0.50 克
脂肪	0.60 克	膳食纤维	3.10 克
碳水化合物	22.00 克	胡萝卜素	100.00 微克
维生素 A	17.00 微克	核黄素	0.02 毫克
维生素 E	7.32 毫克	钙	52.00 毫克

食疗功效

1. 山楂酸有强心作用，对老年心脏病很有益处。
2. 山楂能开胃消食，特别对消肉食积滞作用明显，很多助消化的药中都含有山楂。
3. 山楂有活血化瘀的功效，有助于解除局部瘀血状态，对跌打损伤有辅助疗效。

适宜人群

一般人群均可食用。

胃酸分泌过多者勿空腹食用，孕妇禁食。

烹饪技巧

山楂不宜与海鲜、人参、牛奶、柠檬同食。

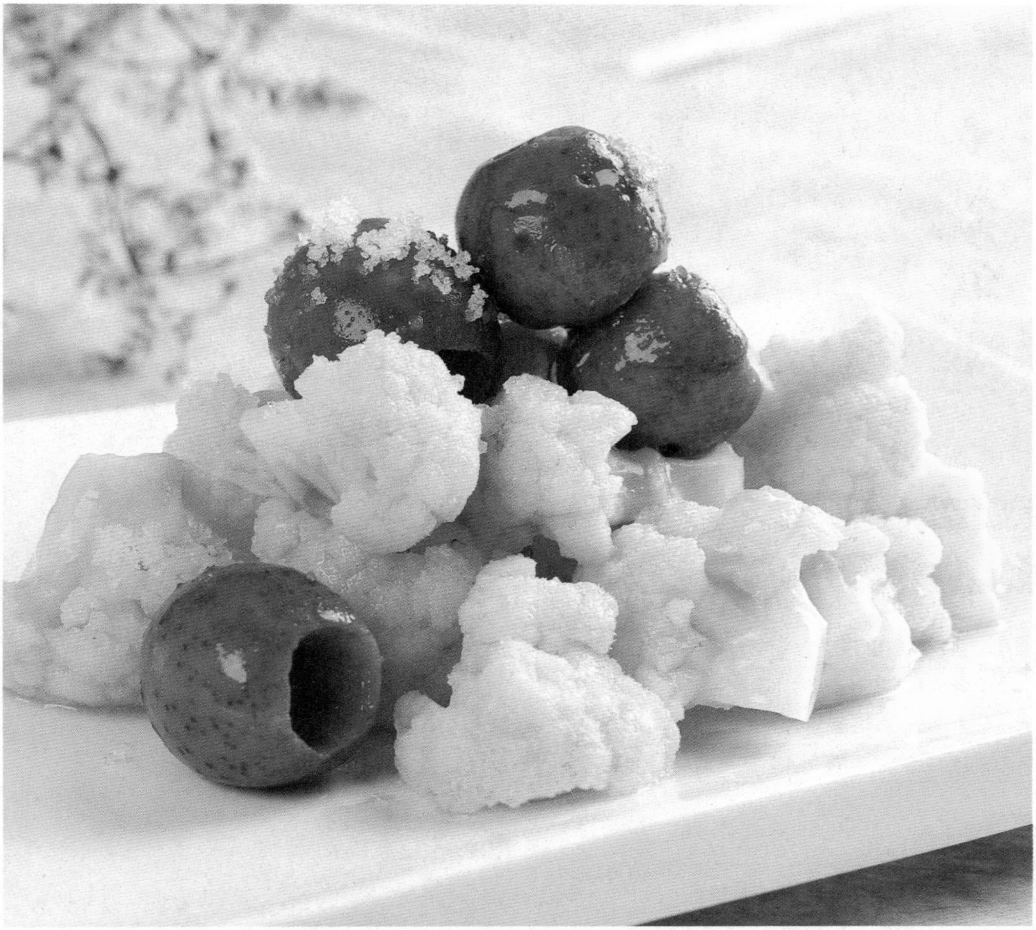

山楂菜花

TIME 10分钟

菜品特点

别具风味 酸甜适口

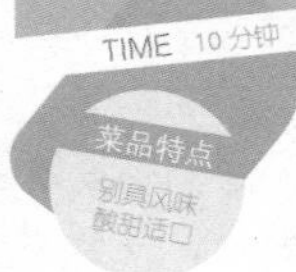

主料： 菜花 250 克

配料： 山楂罐头 250 克，白糖 50 克

视觉享受：★★★★
味觉享受：★★★
操作难度：★

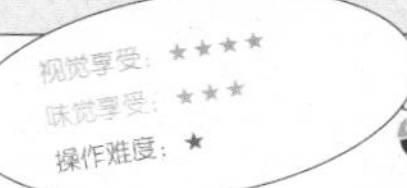

操作步骤

①将菜花掰成小朵，洗净后，投入沸水锅中焯熟，捞出，控去水分，放于盘内备用。

②打开山楂罐头，连汁一起浇在菜花上，加入白糖即成。

操作要领

菜花焯水，断生后立即捞出，以保菜花清脆。

猕猴桃

挑选与储存

选猕猴桃一定要选头尖的，像小鸡嘴巴的，而不要选头扁的，像鸭子嘴巴的。

性味

性寒，味甘、酸。

营养成分

营养素	含量 /100 克	营养素	含量 /100 克
碳水化合物	14.50 克	脂肪	0.60 克
蛋白质	0.80 克	纤维素	2.60 克
维生素 A	22.00 微克	维生素 C	62.00 毫克
维生素 E	2.43 毫克	胡萝卜素	130.00 微克
硫胺素	0.05 毫克	核黄素	0.02 毫克

食疗功效

1. 猕猴桃有增白、淡斑、除暗疮、排毒抗衰老、预防抑郁症的功效。

2. 猕猴桃果肉中含有丰富的维生素 C 和维生素 B 微量元素，对预防口腔溃疡有天然的药效作用。

3. 猕猴桃被认为是一种免疫辅助剂，主要是由于其含有大量的维生素 C 和抗氧化物质。

适宜人群

食欲不振、消化不良、反胃呕吐以及烦热、黄疸、消渴、石淋、疝气、痔疮等患者可食用。

烹饪技巧

烹调时不要随意过油，以免破坏猕猴桃清淡健康的特色。炒制、炖煮时间一定要短，宜先把其他原料烹熟，最后再放猕猴桃。

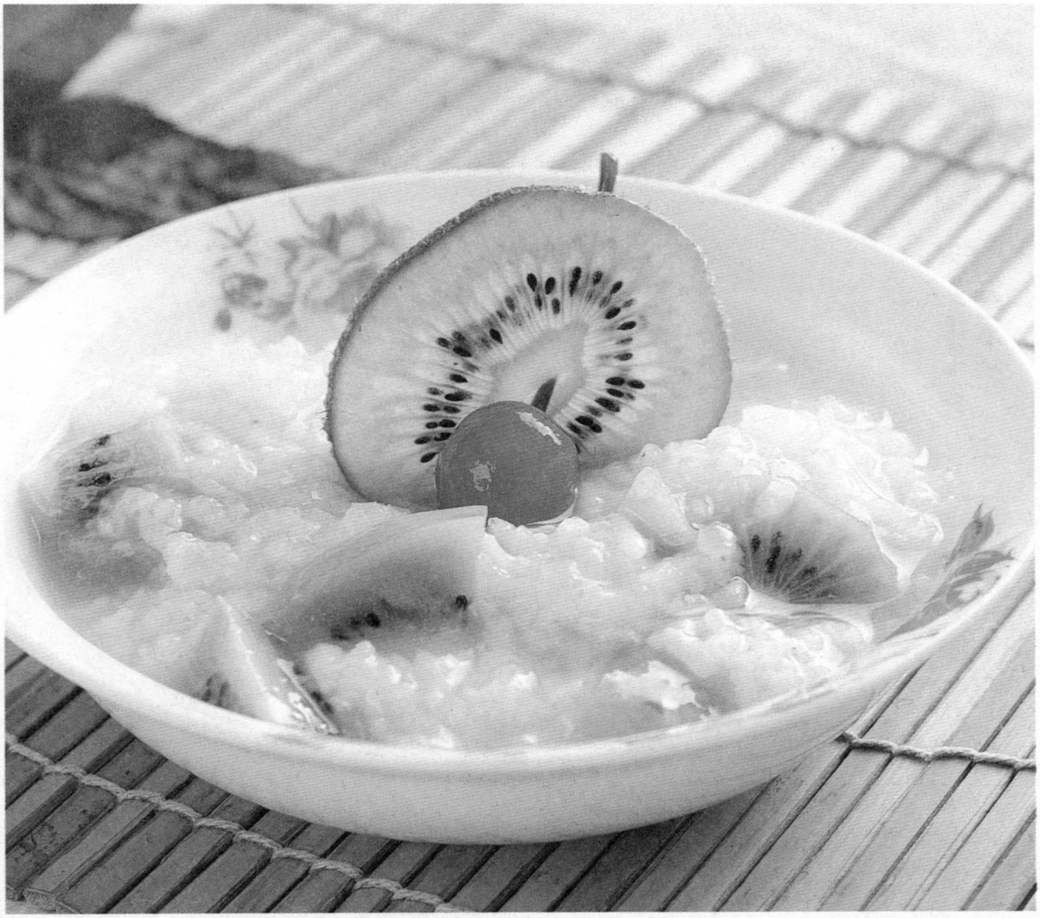

猕猴桃樱桃粥

TIME 50分钟

菜品特点

简单易做 营养丰富

主料： 大米 60 克，猕猴桃 50 克，樱桃 20 克

配料： 白糖 45 克，清水适量

视觉享受：★★★★★

味觉享受：★★★★★

操作难度：★

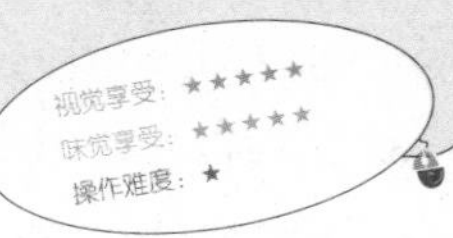

操作步骤

①猕猴桃切成两半，取一半削皮，切成块备用；樱桃洗净去蒂备用。

②锅中加清水烧开，将洗净的大米倒入锅中搅拌均匀，盖上锅盖，转小火煮熟大米。

③揭盖，依次倒入切好的猕猴桃、樱桃、白糖，搅拌均匀，煮沸即成。

操作要领

大米煮软后再放入猕猴桃、樱桃、白糖继续煮。

挑选与储存

挑梨首先要看梨皮。如果梨皮看起来很厚，说明果实粗糙、水分不足。而梨皮薄而细的，没有病虫害、疤痕或外伤者，为品质好的梨。

雪梨

性味

性微温，味甘、酸。

营养成分

营养素	含量 /100 克	营养素	含量 /100 克
热量	50.00 千卡	蛋白质	0.40 克
脂肪	0.20 克	碳水化合物	13.30 克
不溶性纤维	3.10 克	维生素 E	1.34 毫克
灰分	0.30 毫克	维生素 A	6.00 微克
胡萝卜素	33.00 微克	维生素 C	6.00 毫克
硫胺素	0.03 毫克	核黄素	0.06 毫克
尼克酸	0.30 毫克	钙	9.00 毫克

食疗功效

1. 梨中含有丰富的维生素 B，能保护心脏、减轻疲劳、增强心肌活力、降低血压。

2. 梨所含的配糖体及鞣酸等成分，能祛痰止咳，对咽喉有养护作用。

3. 梨有较多糖类物质和多种维生素，易被人体吸收，增进食欲，对肝脏具有保护作用。

适宜人群

一般人群均可食用。

咳嗽痰稠或无痰、咽喉发痒干疼者，慢性支气管炎、肺结核患者，高血压、心脏病、肝炎、肝硬化患者，饮酒后或宿醉未醒者尤其适合。

烹饪技巧

梨不必削皮，因为梨皮也有清心润肺、降火生津的功效。

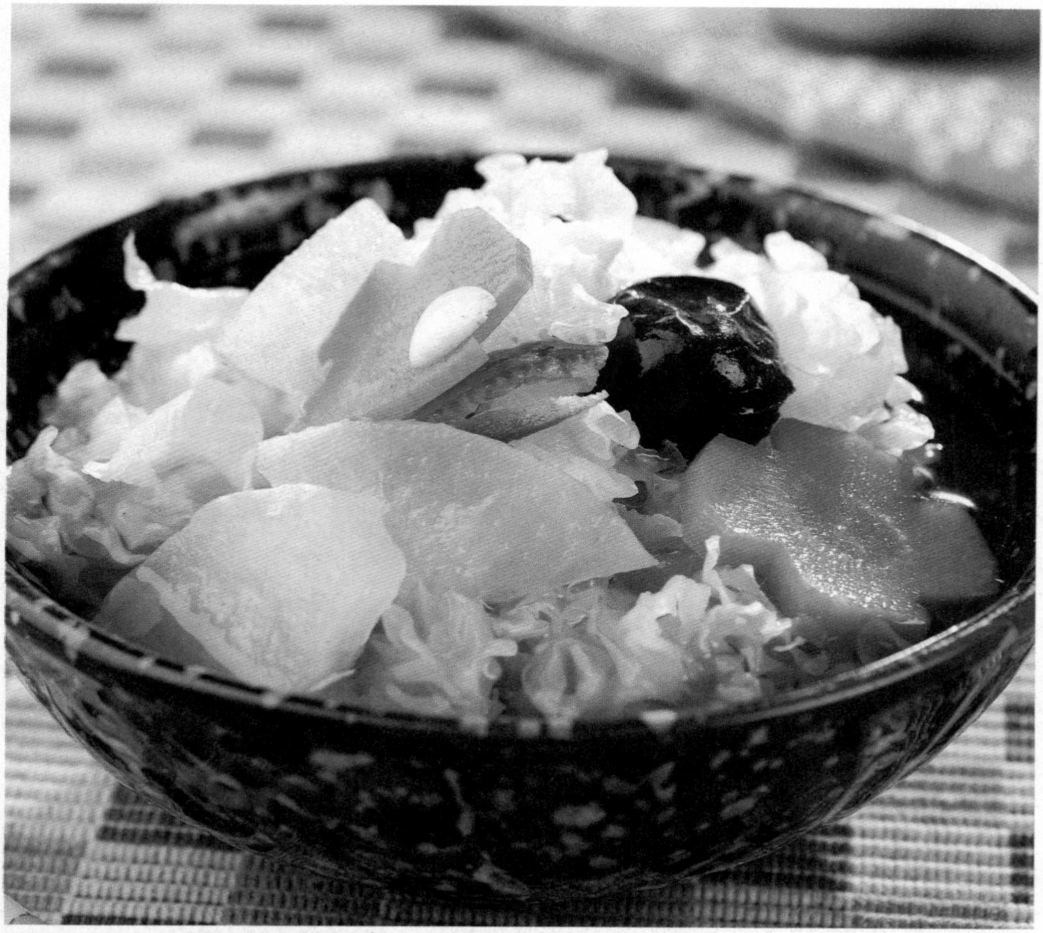

蜜枣银耳雪梨汤

TIME 150分钟

菜品特点
清爽甜蜜
口感极佳

主料：雪梨350克，银耳30克

配料：蜜枣、胡萝卜、冰糖、杏仁各适量

视觉享受：★★★
味觉享受：★★★
操作难度：★

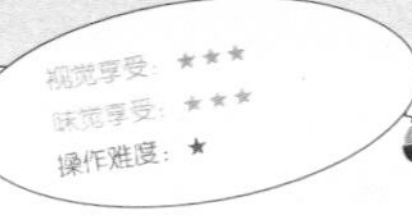

操作步骤

①将雪梨洗净削皮切片备用；银耳泡发撕小朵备用；胡萝卜洗净切花片，焯水备用；杏仁剥皮备用。

②锅中加适量水，大火烧开后，将雪梨、胡萝卜、银耳、杏仁、蜜枣和适量冰糖放入。

③小火煲2小时出锅。

操作要领

雪梨去皮后易变黑，可以在盐水中浸泡一下。

视觉享受：★★★ 味觉享受：★★★ 操作难度：★

红酒煮梨

TIME 100分钟

菜品特点：口感鲜爽 入口即化

主料： 梨350克，红酒适量

配料： 桂皮、糖、蜂蜜、柠檬各适量

操作步骤

①梨洗净削皮切片备用；柠檬切片备用。

②锅内倒入红酒、糖，下桂皮、柠檬片、蜂蜜。

③梨放入锅中，用中小火煮1个半小时后捞出即成。

操作要领

梨在清水中浸泡10分钟，效果味道更佳。

主料： 雪梨400克

配料： 白糖适量

操作步骤

①将雪梨削皮、洗净，挖掉核子，切成薄片备用。

②装盘，撒上白糖即成。

操作要领

雪梨挑选个头稍大汁水饱满的，把梨核挖掉。

视觉享受：★★★ 味觉享受：★★★ 操作难度：★

雪花梨片

TIME 10分钟

菜品特点：汁浓味甘 清淡利口

木瓜

挑选与储存

选购木瓜时，一般以大半熟程度为佳，其肉质爽滑可口。购买时用手触摸，果实坚实而有弹性者为佳。

性味

性平、微寒，味甘。

营养成分

营养素	含量 /100 克	营养素	含量 /100 克
蛋白质	0.40 克	脂肪	0.10 克
碳水化合物	7.00 克	膳食纤维	0.80 克
灰分	0.30 克	维生素 A	145.00 毫克
胡萝卜素	870.00 毫克	硫胺素	0.01 微克
核黄素	0.02 毫克	维生素 C	43.00 毫克
钙	17.00 毫克	磷	12.00 毫克

食疗功效

1. 木瓜富有营养，卡路里低，所以对进行减肥的人大有益处。

2. 木瓜有助于治疗皮外伤或其他外伤。

3. 吃木瓜是最有功效的排毒方法之一，多吃木瓜能排出体内的毒素。

4. 对于患便秘和消化不良的病人，多吃木瓜能减轻病状。

适宜人群

一般人群均可食用。

适宜慢性萎缩性胃炎患者，缺奶的产妇，风湿筋骨痛、跌打扭挫伤患者，消化不良、肥胖患者。

烹饪技巧

木瓜多是产于南方的番木瓜，可以生吃，也可作为蔬菜和肉类一起炖煮。

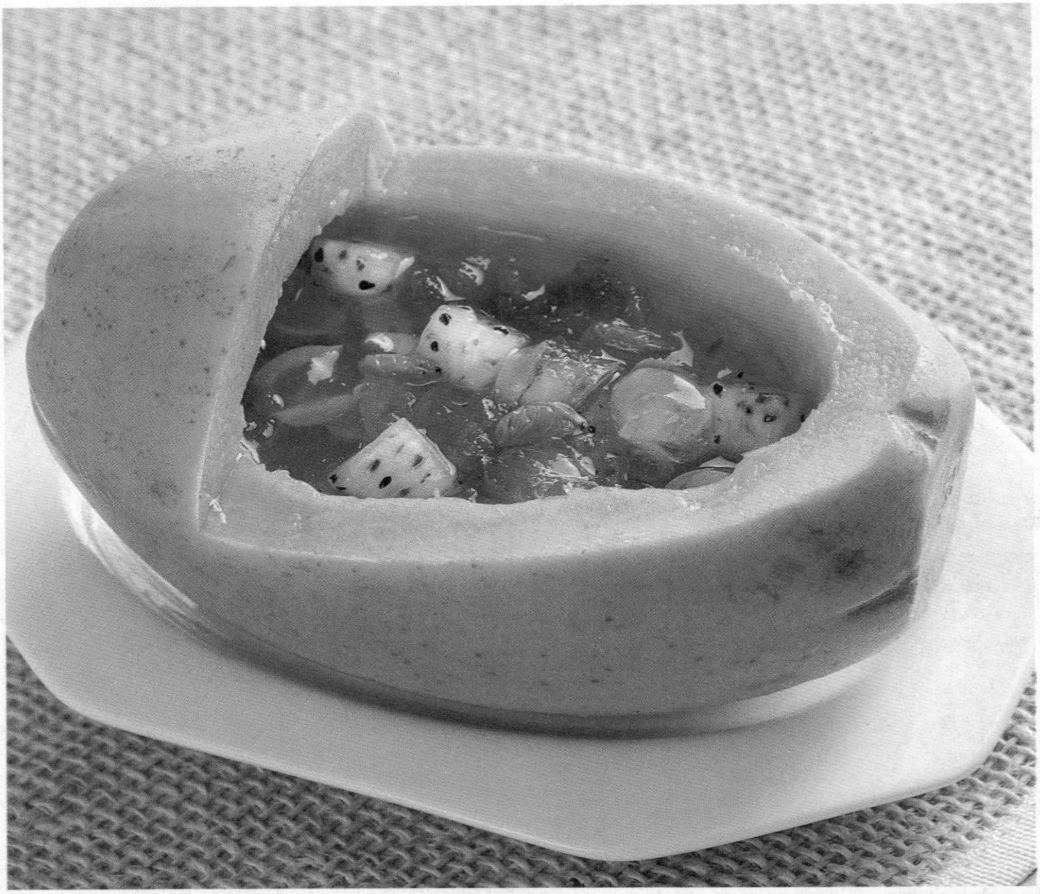

木瓜桃胶雪莲

TIME 50分钟

菜品特点 口感爽滑 入口即化

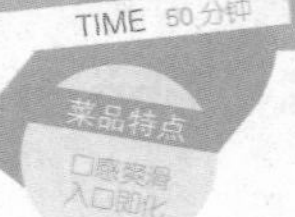

主料： 桃胶30克，木瓜1个，雪莲20克，火龙果50克

配料： 冰糖10克，枸杞适量

视觉享受：★★★
味觉享受：★★★
操作难度：★

操作步骤

①桃胶用纯净水浸泡12小时，去掉桃胶里的杂质备用；雪莲洗净后切碎备用；火龙果去皮，切成方块；枸杞泡发备用。

②桃胶和雪莲放入蒸锅蒸20~30分钟。

③把木瓜剖开，挖去籽，做成船状容器。

④将桃胶、雪莲花、枸杞、火龙果盛入木瓜中，加入冰糖，再放入蒸锅蒸10分钟即成。

操作要领

桃胶泡发会膨胀很多，一次不要泡太多。

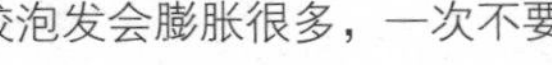